木材压缩技术

涂登云　周桥芳　主编

倪月忠　副主编

Solid
Wood
Compression

化学工业出版社

·北京·

内容简介

本书较系统地介绍了单侧表层压缩木及整体压缩木制备的理论、方法及其物理、力学、涂饰和机械加工性能。全书共5章，包括木材压缩技术研究现状、木材热压过程的热质迁移机理、单侧表层压缩木材制造技术、低含水率制备整体压缩木技术及压缩木材质量控制。本书理论联系实际，针对性和实用性都很强。

本书不仅可作为从事木材压缩改性科研工作者的参考资料，也可供大专院校木材科学与技术相关专业师生阅读。

图书在版编目（CIP）数据

木材压缩技术/涂登云，周桥芳主编． —北京：
化学工业出版社，2022.1
ISBN 978-7-122-40096-3

Ⅰ．①木… Ⅱ．①涂… ②周… Ⅲ．①木材－压缩－
技术 Ⅳ．①S781.7

中国版本图书馆CIP数据核字（2021）第210764号

责任编辑：王　斌　邹　宁　　　　　　文字编辑：冯国庆
责任校对：王鹏飞　　　　　　　　　　装帧设计：韩　飞

出版发行：化学工业出版社（北京市东城区青年湖南街13号　邮政编码100011）
印　　装：涿州市般润文化传播有限公司
710mm×1000mm　1/16　印张10½　字数184千字　2022年1月北京第1版第1次印刷

购书咨询：010-64518888　　　　　　售后服务：010-64518899
网　　址：http://www.cip.com.cn
凡购买本书，如有缺损质量问题，本社销售中心负责调换。

定　　价：98.00元　　　　　　　　　　　　　版权所有　违者必究

主　　编：涂登云　周桥芳

副 主 编：倪月忠

参编人员：胡传双　王先菊

　　　　　陈川富　朱志鹏

前　言

　　木材压缩技术是对木材进行前期热软化处理，然后采用机械压缩法在不破坏细胞壁结构的条件下减小木材细胞腔体体积，提高木材密度，并改善其材性的一种物理改性技术。木材压缩技术最早出现于 20 世纪 30 年代的美国、德国和苏联，我国的木材压缩技术始于 20 世纪 50 年代末和 60 年代初。90 年代后，为提高人工速生材的材性，拓宽人工林的应用范围，木材压缩改性技术得到了世界各国学者及产业界的重视。发展至今，木材压缩改性技术已趋于成熟，形成了完备的技术体系。

　　本书系统介绍了木材压缩技术现状与发展趋势，阐述了木材热压过程热质耦合迁移机理，列举了单侧非对称压缩木的制造工艺及低含水率制备整体压缩木制造工艺，分析了木材单侧非对称压缩木及整体压缩木的物理力学性能、涂饰性能、机械加工性能，最后总结了压缩木制造过程中缺陷产生的种类及控制方法。

　　本书由华南农业大学涂登云、华南农业大学周桥芳任主编，浙江世友木业有限公司倪月忠任副主编。本书共 5 章，第 1 章由涂登云编写，第 2 章由周桥芳、胡传双编写，第 3 章由涂登云、倪月忠、陈川富、朱志鹏编写，第 4 章由王先菊、涂登云、周桥芳、朱志鹏编写，第 5 章由涂登云、朱志鹏编写。

　　本书是 2008 年国家农业成果转化项目"实木地板超高温热处理技术中试与示范（2008GB2C200115）"、2012 年国家农业成果转化项目"速生材表层密实化增强技术中试与示范（2012GB2C200180）"、2018 年国家自然科学基金面上项目"木材非对称单侧表层压缩热质耦合迁移机理（31770601）"、2007 年浙江省省级工业新产品开发项目"速生材压缩木生产工艺研究与应用（200704EA0061）"、2008 年浙江省省级工业新产品开发项目"速生材表面硬化增强处理技术（200804EA0034）"、2010

年湖州市重大科技专项计划"速生材改性木质地板制造及表面处理关键技术研究与产业化示范（2010ZD1003）"等课题成果的总结。特在此对这些项目表示衷心感谢！

本书研究工作在华南农业大学生物基材料与能源教育部重点实验室，华南农业大学广州市木基生物质功能新材料重点实验室，浙江世友木业有限公司研发中心完成。在本书编写过程中得到王清文教授、郭垂根教授、李丽萍教授、高振忠教授、孙瑾教授、孙理超、欧荣贤、关丽涛、云虹、古今、章伟伟、林秀仪、宋杰、谢迪武、郭琼、鲁群霞、易欣、侯贤峰、刘珍珍等老师及苏晓华、廖立、张振伟、范文俊、卢俊、彭冲、韩宇豪、张婷婷、胡芳园、陈敏杰、李杞润、钟楷、赵湘玉、郑泽灏、陈世桓、吕嘉莉、刘梓灵、梁尔珊、程奥凯等同学的帮助，在此表示衷心感谢！

在本书编写过程中还得到浙江世友木业有限公司董事长倪方荣、行政总经理陈龙、制造部经理王明俊、研发部主任窦青青，南京林业大学顾炼百教授、蔡家斌教授、丁涛副教授，广州厚邦木业制造有限公司总经理夏朝彦、研发部经理郭祎鹏，江门建威装饰材料有限公司研发中心总监孙平，广东阅生活家居科技有限公司制造中心总监罗名春，贵州保城新材料有限公司副总经理潘成锋等的帮助，在此表示衷心感谢！本书引用了国内外相关的文献资料，在此谨向相关作者表示由衷的感谢！

限于编者水平有限，书中不足之处在所难免，诚请读者和同行不吝赐教！

编者

2021 年 11 月

目 录

第 1 章　木材压缩技术研究现状 ⸺⸺ 001

　　1.1　木材压缩改性的类别 ················· 002
　　1.2　木材软化研究进展 ··················· 003
　　　　1.2.1　木材软化原理 ················· 003
　　　　1.2.2　木材软化方法 ················· 003
　　　　1.2.3　木材压缩屈服力 ··············· 005
　　1.3　压缩木定型研究进展 ················· 005
　　　　1.3.1　物理固定法 ··················· 006
　　　　1.3.2　化学固定法 ··················· 007
　　1.4　压缩木的制造工艺 ··················· 007
　　　　1.4.1　整体压缩木制造工艺 ··········· 007
　　　　1.4.2　压缩整形木制造工艺 ··········· 008
　　　　1.4.3　表层压缩木制造工艺 ··········· 008
　　　　1.4.4　非对称单侧表层压缩木制造工艺 ··· 009
　　　　1.4.5　层状压缩木制造工艺 ··········· 009
　　1.5　压缩木的性能及应用 ················· 010
　　　　1.5.1　压缩木的性能 ················· 010
　　　　1.5.2　压缩木的应用 ················· 011
　　1.6　展望 ····························· 012

第 2 章　木材热压过程的热质迁移机理 ⸺⸺ 014

　　2.1　木材细胞与水分存在状态 ············· 015
　　2.2　木材内部水分移动 ··················· 019
　　2.3　木材热压过程物理模型描述 ··········· 023
　　2.4　木材热压过程数学模型构建 ··········· 026
　　2.5　控制方程的离散 ····················· 033

2.6 数值模拟结果与分析 ……………………… 039

　　2.6.1 热压木材内部空气等温渗流 ………… 039

　　2.6.2 热压木材内部空气非等温渗流 ……… 041

　　2.6.3 热压过程中木材热质耦合迁移 ……… 049

2.7 模型验证 …………………………………… 059

2.8 本章结论 …………………………………… 061

第 3 章　单侧表层压缩木材制造技术 063

3.1 单侧表层压缩木材的压缩层结构设计 …… 063

3.2 单侧表层压缩木材制造工艺 ……………… 065

　　3.2.1 木材压缩前的含水率控制 …………… 065

　　3.2.2 木材软化层控制 ……………………… 067

　　3.2.3 木材表面压缩成型 …………………… 068

　　3.2.4 压缩层固定 …………………………… 068

　　3.2.5 冷却定型 ……………………………… 069

3.3 单侧表层压缩木材制备案例 ……………… 069

　　3.3.1 实验材料与制备方法 ………………… 069

　　3.3.2 单侧表层压缩木材性能表征 ………… 071

　　3.3.3 单侧表层压缩木材性能分析 ………… 077

3.4 本章结论 …………………………………… 104

第 4 章　低含水率制备整体压缩木技术 106

4.1 整体压缩致密过程中预热的数值模拟 …… 107

　　4.1.1 模型建立与求解方法 ………………… 107

　　4.1.2 模型验证方法 ………………………… 109

　　4.1.3 模型验证结果 ………………………… 109

4.2 整体压缩木材制备 ………………………… 111

　　4.2.1 材料制备 ……………………………… 111

　　4.2.2 整体压缩致密化过程 ………………… 111

　　4.2.3 热处理工艺 …………………………… 112

4.3 整体压缩木材性能表征方法 ……………… 113

4.4 整体压缩木材性能分析 …………………… 114

　　4.4.1 剖面密度和微观结构 ………………… 114

　　4.4.2 尺寸稳定性和力学性能 ……………… 115

　　　4.4.3　动态黏弹性性质 ·············· 117

　　　4.4.4　机械加工性能 ··············· 119

　　　4.4.5　砂光性能测试 ··············· 120

　　　4.4.6　钻孔性能测试 ··············· 120

　　　4.4.7　铣削性能测试 ··············· 122

　　　4.4.8　开榫性能测试 ··············· 122

　　　4.4.9　车削性能测试 ··············· 123

　　　4.4.10　机械加工性能综合评价 ········· 123

　　　4.4.11　涂饰性能 ··············· 125

　　4.5　本章结论 ················· 127

第5章　压缩木材质量控制　　　　　　　　　128

　　5.1　压缩木材缺陷的分类 ············· 128

　　　5.1.1　可见缺陷 ················ 128

　　　5.1.2　不可见缺陷 ··············· 129

　　5.2　压缩木材缺陷产生的原因及预防方法 ······ 130

　　　5.2.1　表裂的原因及预防方法 ········· 130

　　　5.2.2　端裂的原因及预防方法 ········· 130

　　　5.2.3　侧裂的原因及预防方法 ········· 130

　　　5.2.4　炸裂的原因及预防方法 ········· 131

　　　5.2.5　鼓包的原因及预防方法 ········· 131

　　　5.2.6　横弯的原因及预防方法 ········· 132

　　5.3　压缩木材不可见缺陷产生的原因及预防方法 ··· 133

　　　5.3.1　厚度上终含水率不均匀的原因及预防方法　133

　　　5.3.2　长度方向含水率分布不均匀的原因及预防
　　　　　　方法 ················· 133

　　　5.3.3　残余应力超标的原因及预防方法 ····· 134

附录　　　　　　　　　　　　　　　　　　　135

　　附录1　求解木材单侧表面压缩热质迁移数学模型的
　　　　　　程序源代码 ·············· 135

　　附录2　主要符号表 ··············· 146

参考文献　　　　　　　　　　　　　　　　149

| 第1章 |

木材压缩技术研究现状

材料是人类赖以生存的物质基础，木材是四大材料中唯一可再生的绿色天然材料，被人类使用的历史长达数千年。人们利用木材，是因为木材易获得，有良好的加工性，稳定的强度；人们喜爱木材，是因为木材具有美丽的颜色、花纹和色泽，有温暖的触感和适宜的软硬度。现代人的生活更是与木材密不可分，人们利用木材造房子、做家具和制作音乐、体育器材，木材发挥着其他材料不可替代的作用。如何更好地利用木材，开发木材更多的利用潜能，是木材科研工作者永恒的主题。

我国木质资源的主要特点是天然林优质木材匮乏、人工林速生材资源相对丰富。据2019年发布的第九次全国森林资源清查结果显示，全国森林面积22044.62万公顷，森林覆盖率22.96%，森林蓄积175.60亿立方米；人工林面积8003.10万公顷，蓄积34.52亿立方米，人工林面积稳居世界首位。目前，我国主要人工林速生树种包括杉木、杨木、桉木和松木，杨木在江苏、河北、河南等地广泛种植，桉木则在广西、广东、海南等地广泛种植，杨木和桉木的蓄积量约占人工林总蓄积量的23%，素有"南桉北杨"的称谓。

近年来，我国年消耗木材约6亿立方米，超过50%的木材需从国外进口，对外依存度非常高。随着天然林保护工程和全面禁止天然林商业采伐等政策的相继实施，人工林速生木材的供给和利用变得更为重要。然而，我国蓄积量丰富的杨木、杉木、松木等人工林速生材密度低、材质软，力学性能达不到高端实木家具、地板等的使用要求，利用附加值低。为实现人工林软质速生材的实木化高值利用，木材改性成为人工林木材综合高效利用技术的研究热点。木材压缩改性技术作为一种木材物理强化改性方法，具有无化学污染和易于产业化生产等优势，压缩木具有环保、强重比高、木材原生态利用及环境使用特性良好等优点，可广泛应用于家具、地板、室内装饰和木结构等领域。

　　木材压缩是对木材进行前期热软化处理，然后采用机械压缩法在不破坏细胞壁结构的条件下减小木材细胞腔体体积，提高木材密度，并改善其材性的一种物理改性技术。木材压缩技术最早出现于 20 世纪 30 年代的美国、德国和苏联，我国的木材压缩技术始于 20 世纪 50 年代末和 60 年代初，印度始于 70 年代。20 世纪 90 年代后，为提高人工速生材的材性，拓宽人工林的应用范围，木材压缩技术得到了世界各国学者及产业界的重视。发展至今，木材压缩技术已趋于成熟，形成了完备的技术体系。

1.1　木材压缩改性的类别

　　依据压缩时木材所处环境的不同，木材压缩改性可分为封闭式和开放式。封闭式压缩改性是指将木材在封闭的处理罐中，加热软化，然后进行压缩，在木材压缩状态下进行高温高压蒸汽处理。该方法的优点是软化、压缩、固定变形在一个设备内完成，得到的压缩木变形恢复几乎为零；缺点是设备要求高，生产效率低。开放式压缩改性是指在大气环境下对木材进行压缩处理，过程包括前期预热软化、压缩、后期形变固定等步骤，该方法的优点是设备投资成本低、生产效率高；缺点是制得的压缩木若后处理不当则变形恢复较大。

　　依据热压形式不同，压缩改性可分为平压法和辊压法。平压法是指木材被放置在压机热平板间通过受压而压缩成压缩木。根据木材压缩时的轴数不同，平压法又可分单轴平压法和多轴平压法。多轴平压法中可以采用双轴方向施压使木材压缩变形，也有的采用双轴压缩使原木压缩成方材。辊压法是指木材从两个金属辊间通过，使受压木材的局部逐渐压缩变形制得压缩木，该方法的优点是装置需要的负载小，可连续施压，是有望普及的压缩改性方式。

　　根据木材被压缩的程度不同，压缩改性可分为整体压缩和局部压缩。整体压缩是指将木材整体软化后在一定压缩率下对木材整体进行压缩处理，压缩处理后的木材密度更均匀。局部压缩是指对木材进行局部热湿软化，通过控制压缩层位置和厚度，对局部进行压缩处理，可制得单面表层压缩木、双侧表层压缩木和层状压缩木。

1.2 木材软化研究进展

1.2.1 木材软化原理

木材细胞壁的主要化学成分是纤维素、半纤维素和木质素。纤维素以微纤维的形态存在于细胞壁中,有较高的结晶度,使木材具有较高的强度,称为微骨架物质;半纤维素是无定形物,分布在微纤维之中,称为填充物质;对于木质素,一般认为是无定形物质,包围在微纤维、毫纤维等之间,是纤维与纤维之间形成胞间层的主要物质,称为结壳物质。

木材细胞壁是具有复杂多层状结构的纤维增强体,作为无定形高聚物其典型的特征是存在软化温度,也称玻璃化转变温度。早在20世纪60年代,Goring就对木材三大组分在干、湿状态下的软化特性进行了研究,干燥状态下,纤维素、半纤维素和木质素的玻璃化转变温度分别为$231 \sim 253℃$、$167 \sim 217℃$和$134 \sim 235℃$;湿润状态下,半纤维素和木质素的玻璃化转变温度分别降低到$54 \sim 142℃$和$77 \sim 128℃$,但纤维素对水分不敏感,其玻璃化转变温度几乎不发生变化。半纤维素和木质素的软化温度随含水率的增大而降低,在含水率约60%时,半纤维素的软化温度降低到20℃,而木质素在含水率约20%时,软化温度降低到80℃左右,但之后随着含水率增加软化温度几乎不会降低。

在木材压缩改性之前,需对木材进行充分的软化处理,促使木材内部相邻纤丝间、微纤丝间和微晶间产生相对滑移,且滑移的位置可被固定,从而减少压缩时所需要的压力,亦可在一定程度上保持被压缩层细胞壁的完整性。为实现木材软化,可使用化学药剂(如氨水)浸渍法使木质素、半纤维素和纤维素的非结晶区的体积膨胀,增大分子链之间的自由体积空间,进而提高木材的塑性。同样,水作为极性分子进入木材细胞壁后,也可以与纤维素非结晶区、半纤维素中的羟基形成新的氢键结合,从而使分子链之间的距离增大。特别是当木材含水率达到纤维饱和点时,分子链段间的自由体积膨胀至最大,是木材压缩的最佳状态。值得注意的是,如果分子间的振动不够,即分子热运动的能量不足,即使具备足够的自由体积空间,也无法完全改善木材的塑性。因此,只有能量和增塑剂共同作用于木材时,才能有效提高木材的塑化特性,进而提高木材压缩性能。

1.2.2 木材软化方法

木材软化可分为化学软化处理法和物理软化处理法。化学软化使用的药剂主要有液态氨、氨水、气体氨、亚胺、碱液、尿素和单宁酸等，其中氨类药剂对木材的软化处理效果最佳。物理软化法则是利用水分子对纤维素的非结晶区、半纤维素和木质素的润胀作用，以及在热量的协同作用下，使得细胞壁分子链获得足够的能量而产生剧烈运动，达到木材软化的目的。相比化学软化法，物理软化法由于未添加化学药剂，具有环保、工艺简单和成本较低等优点，更具有潜在的商业化应用前景。根据加热介质的不同，物理软化法可分为热压板加热软化法、蒸汽加热软化法和高频、微波加热软化法。

（1）热压板加热软化法

热压板加热软化是指将木材放置在热压机压板之间进行加热软化的方法。为了更好地控制木材的软化层位置，中国林业科学研究院黄荣凤研究团队先对木材进行增湿处理，然后再对木材进行热压，采取不同的工艺参数制备了不同密度分布的层状压缩木。涂登云研究团队在低含水率状态下通过热压制备了整体压缩木，压缩木的断面密度均匀，且瞬时回弹很低。部分学者还采用热压板加热软化表面增湿的木材单板并对其进行压缩，制备了表层压缩胶合板。热压板加热软化法的主要优势是设备投资低、操作方便，因此成为当前研究最多的一种软化方法。

（2）蒸汽加热软化法

蒸汽加热软化是指在密闭空间内通入饱和蒸汽或过热蒸汽，使木材在高温高湿环境下进行软化的方法。木材在饱和蒸汽环境下内部水分几乎不发生蒸发，木材内外形成了均匀的温度和含水率分布，达到了整体软化的效果。刘一星等采用该法制备了整形压缩木，并对压缩木进行原位高温热处理固定变形。蒸汽加热软化法最大的优点是可整体软化木材，能对大断面的木材进行整体压缩，有效克服了热压板加热软化法的软化层分布不确定的问题。

（3）高频、微波加热软化法

高频、微波加热软化法的原理是木材内部的极性分子在快速变化的电磁场下反复转向、摩擦产生热量，将电能转变成热能，木材内部的极性分子主要是水分子，因此该法主要对含有一定量水分的木材进行加热软化。井上雅文采用微波辐射加热表层浸泡过水的干燥日本柳杉锯材，使表层软化，然后在热压机上压缩制得表面压密木。小林好纪利用微波将 10～20cm 小径原木加热到100℃以上时，把原木压缩成方材。宋魁彦对榆木先进行水热处理，再进行微波处理，从而显著增强木材的软化性能。高频、微波加热法软化木材的优点是可以大幅度减少软化所需要的时间，加热均匀，木材的软化效果较好，但设备投资相对较高。

1.2.3　木材压缩屈服力

　　木材横纹方向的压缩屈服力对压缩密实层的形成与分布有重要影响，部分学者对木材压缩屈服力进行了深入研究。Huang 等利用高倍数显微镜观察木材横纹压缩过程中细胞的动态变形过程，针叶材如加拿大短叶松（*Pinus banksiana*）早材管胞壁最薄弱的部位首先被压缩，随后压缩变形传递到其他早材细胞壁，而晚材细胞壁最后被压缩；阔叶材如香脂白杨（*Populus balsamifera*）早晚材区别不明显，直径最大的导管的细胞壁首先被压缩，随后变形传递到次级大直径的导管壁。根据细胞壁的动态微观图和压缩应力 - 应变曲线计算得到常温下加拿大短叶松和香脂白杨的横纹抗压强度分别为 3.45MPa 及 4.17MPa。采用同样的技术，Huang 等测定了 2% ～ 17% 含水率、20 ～ 125℃ 温度范围内木材的横纹抗压强度，总体规律是木材屈服力随着温度和含水率的增大而显著降低。对于加拿大短叶松，温度比含水率对屈服力的影响更显著，而对于香脂白杨，温度和含水率对屈服力的影响同样显著。研究还对两种木材的压缩屈服力关于温度和含水率的关系进行了拟合，决定系数分别达到了 0.90（加拿大短叶松）和 0.78（香脂白杨），可见针叶材（加拿大短叶松）比阔叶材（香脂白杨）对温度和含水率的响应更敏感。

　　黄荣凤研究团队测定了杂交欧美杨在层状压缩过程的应力 - 应变曲线，发现 0 ～ 30% 含水率、60 ～ 210℃ 温度范围内含水率比温度对屈服力的影响更大，且含水率和温度对屈服力还存在交叉影响。同样，文献对压缩屈服力关于温度和含水率的关系进行了拟合，分析指出含水率、温度及其交叉影响因素对屈服力的影响均为十分显著。从层状压缩木的剖面密度曲线（VDP）、含水率分布和应力 - 应变曲线结果看到，压缩屈服层位置、含水率峰值和密实层峰值密度位置基本重合，因此可以从压缩屈服的位置判断压缩木的形成位置。

　　目前对压缩木屈服力的研究仅停留在弹性变形阶段，实际上木材压缩密实层的形成主要发生在塑性变形阶段，它与含水率、温度和木材密度相关。研究木材横纹压缩塑性变形阶段的应力 - 应变关系，对木材压缩密实层分布的精准控制和变形固定具有重要意义。

1.3　压缩木定型研究进展

　　木材经过软化 - 机械压缩，压缩层内部存在残余压缩应力，如果在压缩应力没有释放的情况下解除压缩载荷，极易造成压缩层形变的恢复。虽然制得的压缩木在低湿度环境中会保持较高的稳定性，但在湿热交替变化的环境条件下，压缩木会发生部分甚至全部回弹。因此，在压缩木制备过程中实现压缩层形变的固定具有极大的挑战性。目前，固定压缩木形变的方法主要包括物理固定法和化学固定法。物理固定法是指在没有添加外来化学物质的条件下，依靠热湿作用，使木材内部形成憎水基团或形成交联网状结构促使应力释放，实现对压缩变形的固定。化学固定法是指向木材中添加化学物质，使木材分子形成新的连接方式或使木材内部形成凝聚结构或使压缩木材内部形成憎水基团，实现对压缩变形的固定。

1.3.1 物理固定法

根据加热介质不同，物理固定法可分为以下几种。

（1）热压板固定法

邬飞宇、王喜明用热压板法对樟子松木材进行密实化后迅速升温进行热处理使压缩木的吸湿性达到相关要求。周桥芳、涂登云采用热压机对木材进行压缩处理后，再提高热压机温度对压缩变形进行固定。

（2）热处理固定法

热处理固定法所用的介质一般是高温湿空气或常压过热蒸汽。王洁瑛、唐晓淑、周妮等用烘箱对压缩木进行热处理，发现随着热处理时间的延长和热处理温度的升高，处理材恢复率较无热处理材明显降低。蔡家斌、夏捷等用常压过热蒸汽对压缩木进行热处理，从而提高压缩材的尺寸稳定性。杜超以常压过热蒸汽先对杨木进行热处理，再进行压缩密实化，发现处理材吸水厚度膨胀率为 13.9%，弦向尺寸稳定性增加了 46%。Inoue、Gong、Laine 等用常压过热蒸汽处理压缩木，使压缩层中的机械压缩应力得以释放；同时，在热湿作用下，木质素充分软化，在压缩部位纤维素链段间形成新的氢键作用，从而有效降低压缩木的弹性恢复。

（3）高温高压蒸汽固定法

高温高压蒸汽固定法所用的介质有高温饱和蒸汽、带压过热蒸汽。在高温高压蒸汽作用下半纤维素的水解使木质素与微纤丝之间的结合度降低，促使应力得到释放，且疏水性的木质素含量会相对增加；同时纤维素非结晶区也会发生部分水解，进而减小压缩木材的内应力，使压缩形变得到固定。赵钟声研究表明无论是水蒸气前处理还是后处理，压缩木的恢复率都随着处理时间的延长而降低，水蒸气前处理的固定效果差于水蒸气后处理；李坚、唐德国、邹国政等研究表明，随着高温水蒸气处理时间的延长，压缩变形恢复率明显减少，且高温高压水蒸气后处理的效果远远好于高温加热处理。采用高温高压蒸汽固定法的优点是所用时间较热处理固定法更短，得到的压缩木尺寸稳定性更好。

（4）高频、微波加热法

高频、微波加热法同属于电磁波加热范畴，在电磁波作用下，木材内部具有正负极性的偶极子产生剧烈运动，从而实现被加热物体自身发热。高频、微波加热方式相比于高温高压蒸汽处理方式，具有加热速度快、处理时间短等优点。

1.3.2　化学固定法

根据化学物质不同，化学固定法可以分为以下两种。

（1）树脂填充法

低分子量的熔融树脂一部分会进入木材的细胞腔，一部分会进入细胞壁，填充于微纤丝之间，待树脂固化后会胶结木材压缩后的相邻细胞壁从而抑制其回弹，达到固定回弹的作用。刘一星、刘君良、Gabrielli、柴宇博等用各类树脂以常压浸渍、真空浸渍和真空加压浸渍等方式浸渍木材，然后进行压缩制得压缩木，发现压缩变形和回弹都明显降低，有些变形甚至完全被固定。Pfriem等用糠醇和马来酸酐混合溶液以真空及加压方式浸渍处理山毛榉木材，然后进行压缩，处理材的回弹效应显著降低。

（2）化学试剂交联法

向木材内添加化学试剂，与木材分子或使木材分子之间相互键合交联成稳定的网络结构，使蓄积在压缩木分子中的弹性恢复力得到释放，从而达到固定木材压缩形变的目的。方桂珍、李坚、闫丽等用非树脂类的试剂，以常压或加压的方式浸渍木材后进行压缩，有效抑制压缩木的回弹。Rassam等以纳米银溶液作为浸渍液对预压缩木材进行浸渍处理后进行压缩，以固定压缩形变。

1.4　压缩木的制造工艺

1.4.1　整体压缩木制造工艺

整体压缩木是指在压缩方向上形成剖面密度分布均匀的密实化木材。封闭式热机械压缩改性方法通常用于实现木材整体压缩，其压缩工艺有3种。第1种工艺是将木材置于带有压缩装置的密闭高温高压处理罐中，用高温高压蒸汽软化木材，在木材内部温度升至85℃以上后实现木材横向压缩。第2种工艺是对由第1种工艺制得的整体压缩木进行热板加热，温度控制在160～220℃，热压时间根据厚度确定，热压结束后降温至60℃卸压出料，目的是将压缩变形原位固定。第 3 种工艺是将软化后的木材压缩至目标厚度，并在压缩状态下采用 180～200℃的饱和水蒸气进行热处理，之后强制冷却至 60℃，卸压出料。

开放式热机械压缩改性技术也可以实现木材整体压缩，其压缩工艺分为 3 种。第 1 种工艺是将木材蒸煮充分软化，再在热压机上进行压缩。第 2 种工艺是将树脂注入木材，而后进行压缩，制得压缩木。第 3 种是使木材内部的木质素熔融软化，再进行压缩。苏联生产整体压缩木有预加热机械压缩法和预蒸煮机械压缩法。Tu、Wang 等在压缩前采用热空气、蒸汽和热压板对木材进行预加热软化处理，然后通过机械压缩实现木材整体密实化。

1.4.2 压缩整形木制造工艺

压缩整形木的制备是基于木材的湿热软化特性和可塑化的原理，木材经热机械压缩整形处理，使其从原木直接加工成方形材以及其他规则截面形状的木材。开发压缩整形木的目的是为了更高效地利用中小径级间伐材，提高劣质材的附加值。小林好纪开发出了压缩整形木技术，该方法的工艺流程包括原木锯截、剥皮、微波加热软化、四个方向压缩、二次加热固定、冷却、出料。刘一星采用高温水蒸气处理成型设备和模具制得截面为正方形的压缩整形木，其制备工艺流程主要包括装料、蒸汽软化处理、压缩整形、定型、冷却和出料。李文珠采用高温高压蒸煮的方法软化杉木制作整形木。

1.4.3 表层压缩木制造工艺

表层压缩木是指木材在热机械压缩改性后其内部在压缩方向形成对称结构密度分布的表层密实化木材。20 世纪 90 年代日本首先进行了表层压缩木的研究。主要采用浸渍工艺将水或树脂浸渍到干燥木材表面一定深度，采用微波或热平板软化法对木材表层进行软化处理，之后采用机械压缩制得表层压缩木。木材热压过程与刨花板和中密度纤维板的热压过程相似，压缩工艺控制参数主要包括热压温度、木材含水率、热压时间、闭合速度、热压压力、木材压缩率。

热压温度是表层压缩木制造工艺中极为关键的因素，通过控制上下热平板温度趋于一致，可实现木材表层密实化。王艳伟、Gao 等将木材浸泡在水中增加木材表层水分含量，并利用热压机热平板对木材进行水热控制，在热压压力下形成双侧密度峰形的表层压缩木。Unsal、Tu、Laine、Kariz 等研究表明热压温度不仅决定压缩木密实层的形成，它对压缩木的变形回弹、木材表面硬度、握钉力、耐磨性等都有一定影响。

1.4.4 非对称单侧表层压缩木制造工艺

为进一步减小木材热机械压缩引起材积损失，Gong、涂登云等提出了木材非对称单侧表层压缩方法。非对称单侧表层压缩木是木材压缩方向单侧表层被热机械压缩，木材内部在压缩方向形成非对称结构的密度分布。Laine 等在不同的热压温度下制备单侧表层压缩木，结果表明，热压温度越高木材峰值密度越大。Rautkari 等调整木材含水率为 9.6%、12.4% 和 15.6%，采用 150℃ 和 200℃ 制备单侧表层压缩木，发现含水率越低木材峰值密度越小。木材热压的保压时间对压缩处理材剖面密度分布也有一定影响，在木材单侧压缩中延长保压时间使木材冷端部分产生明显变形，同时还使单侧表层压缩木易产生瓦弯变形，但延长保压时间有助于降低木材的变形回弹，因此对于保压时间应该寻找一个平衡点保证压缩木质量。

木材压缩闭合时间与闭合速度是关联的，在木材压缩率相同的情况下，闭合速度越大则闭合时间越短。Laine、Rautkari、Chen 等认为闭合时间对木材压缩层形成具有重要影响，延长闭合时间，密实层厚度增大，但是压缩木峰值密度降低，因此在保证木材软化的原则下，应根据压缩木用途，合理设定压缩闭合时间，获得理想的剖面密度峰形。

热压压力是木材压缩密实层形成的关键因素，只有热压压力高于木材屈服应力（Yield Stress），木材才能被顺利压缩。木材屈服应力因树种、木材组织构造、压缩方向、木材含水率和温度的不同而差异显著。热压压力对木材压缩密实层形成的作用可能出现以下三种情况：热压压力快速形成且远高于木材屈服应力，密实层的密度高，木材剖面密度（VDP）峰型陡而窄；热压压力高于木材屈服应力但形成较慢，密实层的密度较低，VDP 出现宽峰；热压压力略高于木材屈服应力并逐渐增大，密实层较厚。

1.4.5 层状压缩木制造工艺

层状压缩木是指将木材的表层或者中间层压缩密实，形成压缩层与未压缩层同时存在的压缩木。这种压缩方式需要在木材内部不同层面上形成屈服应力差，需要进行分层热软化。夏捷等研究表明，延长预热时间压缩材的密实层向心层移动，同时密实层的厚度增大，因此预热时间可作为压缩层位置控制的重要因素。Li 等研究了预热温度对压缩木剖面密度分布、密实层位置和厚度的影响，结果显示：利用设计的预热时间条件可形成表面压缩、内部压缩以及芯层压缩，预热时间对密实层位置和厚度有显著影响。

1.5 压缩木的性能及应用

1.5.1 压缩木的性能

木材经压缩改性后，其组织构造、物理力学等性质均发生了变化，研究和认识压缩木的性能对正确使用压缩木具有重要意义，一直受到科研和使用单位的关注。

（1）物理力学性能

压缩改性能够使木材孔隙率变小，从而增加木材的密度，并使压缩木早材与晚材密度差减小，材质更加均匀。井上雅文、柴宇博等指出，除了冲击韧性，压缩木各项物理力学性能均有显著性提高。涂登云用意杨木材制得单侧表面压缩木，被压缩表面的密度最大可达 1.24g/cm³，与素材相比，表面硬度和 MOE 亦有提高，MOR 略有降低。黄荣凤制得的层状压缩木，其压缩层的密度可以达到 0.8g/cm³。当压缩层位于表层时，压缩层的密度可以达到对照材的 1.8 倍以上，硬度可以达到对照材的 2.4 倍以上。周欢等对低分子量酚醛树脂浸渍的樟子松木材进行横纹压缩，樟子松木材密度提高了 139%，抗弯强度提高了 189%。

刘一星等研究表明，压缩整形木的表面硬度和耐磨耗度均比对照材有大幅度的提高。Laine 等研究表明，压缩木的硬度随压缩率的增加而显著增大，压缩率为 50% 时，压缩木的硬度值较素材增加一倍。陈旻等研究表明，杨木经横纹压缩密实化时，随着压缩率的增大，其抗弯强度和抗弯弹性模量均呈线性增长趋势。

在压缩木尺寸稳定性方面，刘一星等制得的压缩整形木的变形恢复率很低，吸湿、吸水膨胀率均明显低于素材，具有良好的尺寸稳定性。涂登云等制得的单侧表面压缩木弦向尺寸稳定性比未处理材提高 50%。Belt 等研究表明，表面密实化压缩木的瓦弯程度受密实化工艺参数的影响很大，其中压缩率为影响最大的因素，但通过优化工艺参数可以减小甚至消除瓦弯变形缺陷。Laine 等研究表明，经过热处理的压缩木在浸泡和干燥后，其压缩细胞壁能够保持原来的变形。黄荣凤等制得的压缩木尺寸稳定性显著提高，吸湿回弹率降低至 1.34%。陈太安等利用糠醇浸渍与压缩密实化联合改性处理杨木，有效提升了压缩木的尺寸稳定性。

（2）加工性能

木材经压缩处理后材质变得均匀，更易于切削加工、雕刻和微细加工及饰面加工。柴宇博等研究表明，密实化处理对不同木材加工性能的影响不尽相同。压缩杨木各项加工性能的质量比素材都有显著提高，而压缩化处理对桦木板材加工性能的影响不大。

（3）涂饰性能

柴宇博等研究表明，压缩处理对木材油漆涂饰性能几乎没有负面影响，甚至使木材某些涂饰性能得到小幅改善。Ratnasingam 等研究表明，木材经过压缩会降低其表面粗糙度，对表面附着强度产生不利影响。涂登云等用表层压缩处理的意杨压缩木制作实木地板，其漆膜硬度提高，漆膜附着力和耐磨转数均符合实木地板国家标准要求。

1.5.2 压缩木的应用

木材热机械压缩技术虽然出现的时间较早，但是从 21 世纪初开始才迎来其研发、应用的高速成长期。其中的一个突出表现就是关于木材热机械压缩技术专利的大量申请与授权。在这段时间木材的压缩技术从单一技术发展成集成技术，逐渐将压缩木技术与传统木材改性技术相结合。我国与日本的相关专利申请量占据全球专利申请量的 80%。

（1）在纺织工业中的应用

早期的压缩木多被应用于纺织工业，在 20 世纪 20 年代，日本开始研究压缩木，并把制得的压缩木梭子应用于纺织制造产业。苏联在 1956 年以前也大量采用压缩木制造梭子。60 年代，我国研制出压缩木锚杆和压缩木木梭，分别应用于煤矿生产和纺织生产中。70 年代，印度采用其国产的 17 种树种木材，经压缩后用于代替进口的鹅耳枥木材，制造织布机木梭。80 年代，纺织工业上首先申请了关于热机械压缩技术的专利。

（2）在军事及机械工程中的应用

早在第二次世界大战时，为躲避雷达，德国和美国就已将压缩木应用于制造飞机的螺旋桨及其他一些金属构件。1964 年，北京林学院与北京第二轧钢厂等共同研发压缩木轴承，以代替布胶轴承应用于热轧机上。

（3）在实木制品中的应用

近年来，将压缩木应用于木地板、家具部件和木制工艺品方面的研究较多。2010 年课题组在浙江世友木业有限公司成功建成年产 5 万平方米单侧表层压缩杨木实木地板生产线（图 1-1）。柴宇博等结合国内实木地板的生产工艺对酚醛树脂浸渍压缩杨木板材的横截、刨切、榫槽加工和砂光性能进行评价，研究表明改性材适用于制造实木地板。他们后续的研究认为压缩乙酰化杨木可用于实木地板、家具及户外木栈道等高附加值产品的加工制造。毛佳等对制备的压缩防腐木研究表明，压缩防腐木可同时实现表面密实化和防腐性能提高，处理材尤其适用于户外设施中。涂登云等用意杨木材单侧压缩木制成实木地板，实木地板已上市销售，且未出现质量问题。吴琼等将压缩杨木用来制

(a) 年产5万平方米单侧表层压缩实木地板多层压机　　　(b) 常压过热蒸汽木材高温热处理设备

图 1-1　单侧表层压缩杨木实木地板生产线

作木梳，成品头皮舒适度良好、梳理流畅性好，物理性能符合制梳的要求，消费者普遍认可，消费市场巨大。王茜等用压缩杨木制成工艺品，力学性能和耐磨耐久性都有所增强。

（4）在木结构连接件中的应用

近年来也有一些将压缩木应用于木结构上的研究。Jung 等将压缩木制成连接片和销钉等，以代替金属连接件，这种连接件在拉拔和力矩旋转性能方面有非常好的表现，在对其工程设计进一步优化后，可使用在日本民用住宅中的大跨度木框架结构。Riggio 等研究压缩木销钉的物理性能，并对木销钉插入木材过程中的受力情况做了进一步的分析。吴海超等也用压缩木制成木销钉作为木 - 木连接的连接件，连接具有较好的承载力，有一定的工程意义。Anshari 等研究发现在胶合梁上插入压缩木块，可使胶合梁抗弯强度和承载力显著提高。El-Houjeiri 等研究表明，直径 16mm 云杉压缩木制销钉的承载力与直径 12mm 钢榫钉的承载力相当，在剪切试验中压缩木销还不会像金属紧固件那样引起木材构件的破碎。

1.6　展望

木材热机械压缩技术相关研究已有百年历史，除了早期在纺织工业中有过大量应用，近代压缩木技术的大规模应用几乎停滞不前。因此，对于木材压缩技术，有必要在以下几方面开展研究，并取得突破。

① 传统的木材热机械压缩改性过程需消耗大量的时间和能源，势必造成

生产成本的提高和经营效率的降低，获得的压缩木与天然林木材相比成本更高，木材压缩技术潜在的优势将丧失。因此，有必要开发经济、节能、环保、高效的木材压缩技术，以克服制造成本和效率的瓶颈，从而打开压缩木的商业化应用空间。

② 木材热机械压缩技术的一些机理研究仍然有待突破，木材在热、湿、力作用下的致密化路径、压缩变形回弹机理等尚未研明。这些基础理论的研究一旦取得突破，势必会将木材压缩技术的商业化推向一个新的高度。

③ 木材经压缩改性后，其组织构造、物理力学性能发生了重大变化，木材密度随压缩率的增大而增大，其强度、硬度和耐磨性也得到提高，相应的材料成本也提高。压缩木最大的优势是环保、木材原生态利用、强重比高及具有良好的环境使用特性。在实际生产中，应根据压缩木的具体用途有针对性地确定压缩木密度和木材压缩部位，选择适合的压缩工艺，做到适材适用，不应盲目提高木材密度和重量，可以有效减少材积损失带来的成本问题。

④ 木材的有效利用贯穿其整个价值链，包括从森林管理到使用周期和报废处置，才能真正实现可持续发展。压缩改性技术的理论研究在许多方面都已经取得成功，但在压缩木产品开发中，仍然需要考虑到压缩改性过程对产品性能、环境和寿命的基本影响。需要对压缩木整个成功价值链进行分析，从森林到采伐、加工、安装、使用、寿命结束及焚烧和能量回收综合评估，以准确定位压缩木的价值所在，这样才能真正实现压缩木技术可持续发展。

⑤ 将压缩与其他改性技术联合形成复合型功能改性技术，其目的是旨在充分利用木材自身特有的结构属性，开发具备功能性的新型材料，如压缩木表面自洁净、防霉抑菌、疏水以及压缩木抑烟、阻燃等功能开发，使压缩木和其他天然林木材之间的竞争不局限于强度、密度，而是功能价值的竞争，将有可能拓宽压缩木的高附加值应用领域。

| 第 2 章 |

木材热压过程的热质迁移机理

　　木材是天然高分子材料，内含多尺度、复杂的孔隙（通道），孔隙内充满了液态水、水蒸气、空气以及少量的内含物。在高温干燥或热压过程中，木材孔隙内的水分将发生相变、迁移，它对木材的软化具有决定作用，其影响甚至超过温度因素的影响。研究热压板接触加热下木材内部热量传递和水分迁移规律，预测木材热接触及压缩过程中温度和含水率分布，进而确定软化区域和密实层形成，对木材单侧表面压缩的理论和生产实践均有十分重要的意义，同时也能为木材热压干燥提供理论依据。

　　质量、动量和能量守恒是描述客观世界物质变化的三大基础定律，对于木材一类多孔材料的流动与传热问题，在应用以上三大定律的基础上，结合木材自身的特点，建立合理描述木材热质迁移的控制方程。通常，控制方程组是一系列非线性偏微分方程，无法获得其解析解，唯有通过数值求解的方法才能将模型求得。传热和流动问题的数值求解基本思想是：把原来在空间和时间坐标中连续的物理场（如温度场、湿分场、速度场和压力场等），用一系列有限个离散点上的值的集合来代替，以一定的原则建立起这些离散点变量值之间关系的代数方程（称为离散方程），求解所建立的离散方程组以获得所求解变量的近似值，如图 2-1 所示。目前，常用的单元离散方法包括有限差分法（FDM）、有限容积法（FVM）、有限元法（FEM）和有限分析法（FAM），其中 FVM 最具代表性。FVM 是将计算区域划分成一系列控制容积（单元），每个控制单元都有一个节点作代表，通过控制方程对单元求积分来导出离散方程。得益于近代计算机快速发展，即使庞大、复杂的离散方程，也能通过数值方法进行求解。

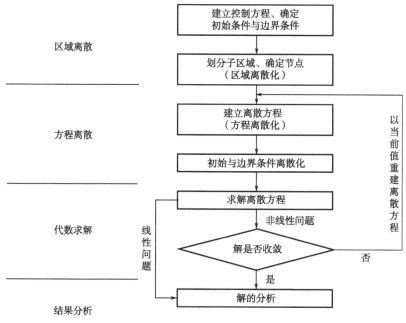

图 2-1 流动与传热问题数值求解的基本过程

2.1 木材细胞与水分存在状态

木材是由各类生物细胞组成的天然物质，以阔叶材为例，其组成有导管、木纤维、轴向薄壁组织、木射线和阔叶材管胞等。一般情况下，木材细胞为狭长形中空结构，可分为细胞腔和细胞壁，各类细胞的腔体直径主要分布在 10 ～ 400μm，细胞腔可看作有序排列的大毛细管。细胞壁由微纤丝聚集而成，以木材管胞为例，其细胞壁微细结构如图 2-2 所示，微纤丝之间存在间隙，因此木材细胞壁实际上存在许多细微的空隙，这些空隙可看作微毛细管。

有文献指出，木材细胞腔半径大于 2.5μm，细胞壁内微纤丝间隙一般小于 25nm，而半径介于 25nm 和 2.5μm 之间的毛细管在木材内基本不存在，大毛细管系统和微毛细管系统是截然划分的。近年来，高鑫等采用低场核磁共振冻融孔隙分析法测量杉木和杨木等速生材试样细胞壁润胀状态下的孔径分布，其中孔径小于 1.59nm 的孔隙占比约为 75%，孔径大于 4.56nm 的孔隙占比不超过 6%，进一步表明木材细胞壁内空隙尺寸非常小，一般大分子化学物质难以进入。木材细胞彼此紧密相连，细胞之间通过胞壁上的纹孔、穿孔等通道交换水分或养分。

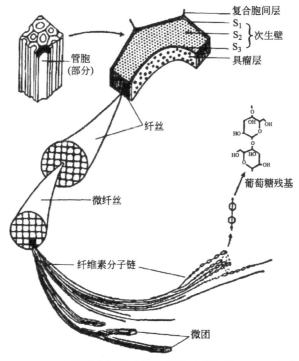

复合胞间层
S₁
S₂ } 次生壁
S₃
具瘤层
管胞（部分）
纤丝
微纤丝
葡萄糖残基
纤维素分子链
微团

图 2-2　木材管胞细胞壁微细结构（成俊卿，1985 年）

　　木材中的水分，按其在木材中存在的位置，可分为胞腔水与胞壁水。若将木材细胞简化为中空的长方体，木材细胞内水分存在的状态如图 2-3 所示，其中黑色部分为液相水或水蒸气。存在于细胞腔内的水称为自由水，而存在于细胞壁内的水称为结合水，此外细胞腔内还弥漫着水蒸气。木材的结合水分为吸着水（强结合水）和微毛细管水（弱结合水），吸着水是木材微晶表面对水分子的强力吸附，随着吸附量增大形成若干层较薄的水层；微毛细管水又称薄膜水，它是微毛细管内的凝结水，在吸着水水层之上形成，借分子间范德瓦尔斯力相互吸引，空气湿度越大，微毛细管水含量越多。高鑫等利用低场核磁共振测定了樟子松、杉木、杨木等树种的结合水（其文中定义为吸着水）含量，介于 35.6% ～ 47.6%，测试结果均高于通过吸湿外推法的估算值（30%），可见木材内部结合水的含量仍是十分可观的，这是因为木材细胞壁在微观上类似分形构造，具有非常巨大的比表面积，对水分子具有很强的吸附的缘故。木材细胞腔和细胞壁空隙共同构成了不同尺度、复杂的毛细管系统，由于液体表面张力（其表现形式即为毛细管力）的存在，毛细管内液体将沿管壁自然上升（浸润性液体）或下降（非浸润性液体），且毛细管半径越小，毛细管现象越明显，同时液体表面将产生弯曲。一般情况下，水平液面上方的饱和蒸气压仅受温度控制，但弯曲液面上方的饱和蒸气压不仅受温度影响，同时还受表面张力影响，水平液面饱和蒸气压和弯曲液面饱和蒸气压之间的关系遵循开尔文方程。

$$\ln \frac{p_{s,c}}{p_{s,p}} = \frac{2\sigma}{r\rho_1 R(t+273.15)} \qquad (2-1)$$

式中，$p_{s,c}$ 为弯曲液面饱和蒸气压；$p_{s,p}$ 为水平液面饱和蒸气压；σ 为表面张力；r 为弯曲液面曲率半径；ρ_1 为液体密度；R 为通用气体常数；t 为液体温度。

木材是天然吸湿性多孔材料，水分对毛细管进行润湿，因此水分在毛细管中呈凹液面。木材细胞腔半径大于 2.5μm，根据开尔文方程，胞腔内自由水液面饱和蒸气压 $p_{s,c}$ 无限接近 $p_{s,p}$，因此胞腔自由水和平面液面水一样自由蒸发；细胞壁空隙一般半径小于 25nm，假设取值 10nm，则其微毛细管液面饱和蒸气压与平面液面饱和蒸气压之比 $p_{s,c}/p_{s,p}=0.8980$，此时若微毛细管液面上方环境的相对湿度高于 $p_{s,c}/p_{s,p}$ 的比值，液相水将不能继续蒸发。显然，微毛细管半径越小，液相水上方饱和蒸气压则越小，水分受到的束缚越大，这种情况下只能降低环境湿度或提高温度才能将水分排出。

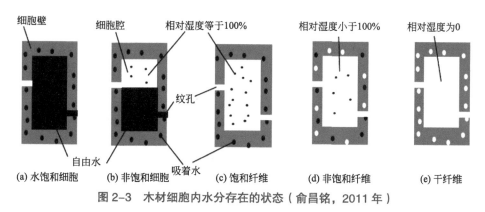

图2-3 木材细胞内水分存在的状态（俞昌铭，2011年）

木材自由水和结合水的临界点为纤维饱和点（FSP），此时木材细胞腔内不存在自由水而细胞壁内充满结合水，对应图2-3（c）的状态。自由水几乎不受大毛细管力的束缚，当其蒸发殆尽，细胞壁空隙微毛细管的结合水开始解吸，当结合水与环境温、湿度相平衡时，结合水的含量不再发生变化，此即为木材解吸平衡含水率（EMC）。FSP 以下木材与水分的结合可通过木材解吸逆过程——吸附（或吸湿）过程来认识，图2-4给出了木材等温吸附曲线。绝干木材放置在一定温、湿度环境中，它将环境湿空气中的水蒸气吸附到木材基质表面，首先形成的是单分子层吸附，一般认为单分子层吸附可达到的含水率极限约为 5%（*A* 点）；随着吸附进行，木材基质表面逐渐形成多层吸附，这是单层水分子对水蒸气分子的吸附，主要依靠范德瓦尔斯力，等温吸附曲线在多层吸附过程中出现拐点 *B*，是木材微毛细管现象逐渐呈现的标志。提高环境相对湿度（p/p_s），水蒸气则不断凝结到木材微毛细管中，木材含水率不断增大，*G* 点则是相对湿度为 80% 对应的木材吸湿 EMC，由开尔文方程计算可知，该状态下微毛细管弯曲液面曲率半径约为 5nm，换言之半径 5nm 以下的木材细胞壁空隙均充满了水分。木材结合水含量总是与环境温、湿度保持平衡，结合水与木材尺寸稳定性和物理力学性质密切相关，因此建立木材 EMC 的数据库（表）尤为重要，事实上关于木材 EMC 的研究颇为丰富，更进一步地，木材 EMC 预测模型也已见诸报道，这为木材干燥过程中水分迁移规律的研究奠定了基础。

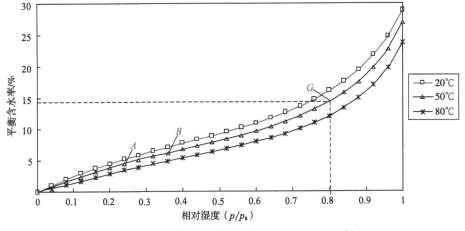

图 2-4　木材等温吸附曲线（Simpson，1998 年）

　　热压压缩处理实质上是将木材的细胞腔压扁从而减小木材孔隙率，提高木材的表观密度，而细胞壁一般不受或仅受到轻微破坏。通过对单侧表面压缩杨木的断面形态进行了 SEM 观测（图 2-5），未压缩层杨木的细胞腔断面呈类圆形外观，胞腔直径主要分布在 10 ～ 20μm，压缩杨木的密实层和过渡层细胞腔断面呈不规则四边形或狭长形外观，胞腔尺寸最小可至数微米，胞腔体积显著减小。由此可见，压缩木的细胞腔受压导致尺寸减小，细胞壁无法被压缩，因此微纤丝的间隙基本保持不变，木材内部结合水与木材的结合特性也将保持不变。然而，胞腔尺寸组成的大毛细管半径仍然在微米数量级以上，其内的液态水和平面液态水一样可自由蒸发，压缩木水分的存在状态和普通木材差别不大，但水分移动通道将发生改变。而压缩密实后的木材细胞壁腔比显著增大，木材的导热效果增强，这对木材热压传热具有不可忽视的贡献。

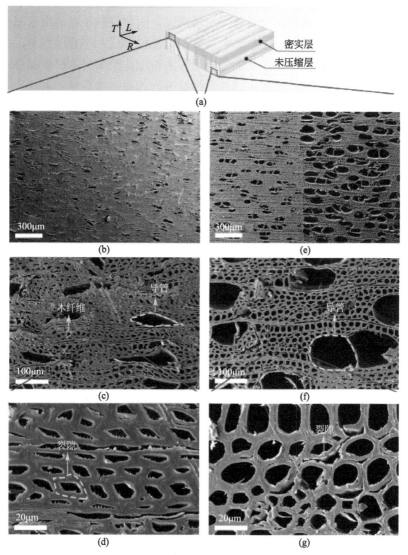

图 2-5　单侧表面压缩杨木 SEM 断面形态

2.2　木材内部水分移动

水分在木材内部的移动路径是多样的，以阔叶材为例，水分或其他流体的移动路径包含导管、管胞以及导管状管胞等，其中又以导管为主要输运路径。

019

木材的导管上具有穿孔，在顺纹方向上水分可以通过穿孔从一个导管进入纵向邻接的另一个导管；在横纹方向上水分主要通过导管壁上的纹孔移动。当木材进行干燥时，木材表面的水分首先向环境蒸发，木材细胞腔内自由水减少以致毛细管内弯液面半径减小，木材表面与其相邻部位形成毛细管压力差，自由水便在毛细管压力差驱动下以渗流的形式通过木材细胞空隙向木材表面移动。由于木材顺纹方向的流体渗透率远远高于横纹方向的流体渗透率，水分更容易从木材顺纹方向迁移，但通常木材横纹尺寸（厚度或宽度）远远小于木材顺纹尺寸（长度），木材从其长度方向迁移的水分十分有限，因此木材水分的流通迁移阻力主要来自细胞壁纹孔塞缘或纹孔口对流体的限制。一般情况下，木材横纹方向流体渗透性非常低，木材内的水分以体积流或质量流极其缓慢地移动，此时水分流动属于黏性流或层流。

木材内部含有自由水时，细胞壁处于润胀状态，结合水不发生迁移。随着木材表面自由水的蒸发，当木材内部的自由水不足以润湿木材表面的细胞壁时，木材表层的结合水开始发生解吸。事实上，由于木材具备一定的厚度，木材表层的结合水解吸在木材总体含水率较高时（40%）就开始进行，那时木材内部仍然含有自由水，只有木材总体含水率降低至20%时，木材的自由水才蒸发殆尽。木材表层部位的结合水通过以下三种途径迁移至木材表面进行蒸发：液相水的扩散，木材表层存在含水率梯度（水分浓度差），结合水在此驱动力下迁移至木材表面；水蒸气的扩散，细胞腔内弥漫的水蒸气扩散至木材表面，驱动力是水蒸气密度差（浓度差）；水蒸气的渗流，主要驱动力为蒸汽压力梯度，渗流表现为水蒸气的宏观迁移，它对传质的影响不可忽视。木材表层和润湿的木材形成明显的分界称为湿线（Wet Line），湿线以内，水分的迁移仍然是以自由水的移动为主，当木材的湿线消失后，木材内将不存在自由水，水分迁移则由结合水的解吸完全控制。部分学者认为，当木材的结合水含量降低至无法形成连续相时，液相水的扩散将停止，此时水分的迁移主要依靠水蒸气的扩散和渗流。

如前述，木材中含有自由水、结合水和水蒸气。木材放置在大气环境中，因与大气连通，其内部湿空气总压力与大气环境压力基本保持一致。当木材细胞腔内还存在自由水时，胞腔内湿空气处于饱和状态，原因是木材空隙尺寸小且孔隙连通率非常低，胞腔内水蒸气逃逸速度很小，自由水的蒸发总能及时补充到湿空气中使其饱和。此时，木材内水蒸气分压 p_v 等于饱和蒸气压，由其温度唯一确定，严家骡等给出了饱和蒸气压 p_{sv} 的精确计算公式，如式（2-2）所示。

$$p_{sv}=22.064\exp\left\{\left[7.2148+3.9564\times\left(0.745-\frac{t+273.15}{647.14}\right)^2+1.3487\times\right.\right.$$

$$\left.\left.\left(0.745-\frac{t+273.15}{647.14}\right)^{3.1778}\right]\times\left(1-\frac{647.14}{t+273.15}\right)\right\} \tag{2-2}$$

式中，p_{sv} 为饱和蒸汽压，MPa；t 为水蒸气温度，℃，$0.01℃\leqslant t<208.85℃$。

木材在常温（20℃）时，根据式（2-2）计算木材内部的水蒸气分压为 2.34kPa，而木材温度为 80℃ 时，水蒸气分压为 47.38kPa，若环境大气压力为 101.32kPa，则以上两种情况下湿空气中干空气分压为 98.98kPa 和 53.94kPa。可见，随着温度提高，木材细胞腔内自由水产生的水蒸气含量越多，水蒸气逐渐将内部空气驱走，同时由于水蒸气分压占比变大，它对木材内部水分迁移的贡献应该也越大。当木材细胞腔内自由水蒸发殆尽，细胞壁的结合水则开始解吸，结合水一方面沿细胞壁进行扩散；另一方面向木材内部微环境蒸发。由于结合水含量少，一般认为结合水的蒸发量不足以使木材内部湿空气饱和，此时水蒸气处于过热状态，可将其当作理想气体处理，依据理想气体状态方程计算水蒸气分压，如式（2-3）所示。

$$p_v=\rho_v\frac{R(t+273.15)}{M_v} \tag{2-3}$$

式中，ρ_v 为水蒸气的密度，kg/m³；M_v 为水的摩尔质量，kg/mol；R 为通用气体常数，J/（mol·℃）；t 为水蒸气的温度，℃。

木材内结合水的含量越大则水蒸气的密度越大，温度一定时木材内水蒸气分压就增大，在压力梯度驱动下的水蒸气等温渗流对木材水分的总体迁移具有一定的贡献。

木材热压干燥或热压压缩下的传热传湿机理与上述木材对流干燥的传热传湿机理相似，但也存在显著区别，主要的区别表现在以下两个方面：热压属于接触式传热，传热效率非常高，木材内部升温速率快、温度梯度大；木材上下两面被热压板紧密接触，内部的水分或蒸汽难以从该表面逸出，只能从木材的侧面（横纹方向）和端面（顺纹方向）迁移。当木材的长度和宽度尺寸较大时，内部蒸汽积聚将形成非常大的蒸汽压力，蒸汽压力驱动下的流体渗流对传质和传热的贡献很大。木材内含有大量自由水时，高温热压板与木材表面接触，木材表层温度迅速升高，表层的自由水迅速汽化产生大量水蒸气，但水蒸气无法从板面迅速逸出，这将使得水蒸气压力不断上升，在压力驱动下，水蒸气（还包括空气等不凝性气体）向木材心层方向以及木材侧面和端面方向渗流。若木材内有充足的液态水供蒸发，木材表层的水蒸气将始终处于饱和状态，水蒸气分压等于木材表层温度所对应的饱和蒸气压。如热压温度为150℃时，木材表层温度迅速接近热压温度，根据式（2-3）可计算木材表层的水蒸气分压为475.71kPa。随着干燥进行，木材表层的液相水完全汽化，首先形成了"干区"，自木材表层形成的蒸汽流则逐渐向木材冷端移动。而蒸汽流另一侧，即木材内部（或冷端），其内含有大量自由水，因此水蒸气为饱和蒸汽，饱和蒸汽与液态水共存，随着温度提高，液态水不断蒸发以使水蒸气始终处于饱和状态，这个区域可以称为"湿区"或"饱和蒸汽区"。Hou等测试了毛白杨木材热压时心层的压力，在140℃热压温度下木材心层的峰值温度和压力分别为127.2℃和276.9kPa，根据式（2-2）计算127.2℃对应的饱和蒸气压为248.1kPa，实测水蒸气压力高于理论计算的饱和蒸汽压力，可能是两个原因引起：木材心层部位还存在一些空气，空气压力叠加到水蒸气压力之上；高温蒸汽流从心层相邻部位迁移至此，促使水蒸气压力增大，热压前后杨木心层含水率从31%增大至51%，间接支持了这一推断。在热压干燥时需定时打开热压板排出木材内部的水蒸气，降低木材内部蒸气压，通常在打开热压板时木材表面会出现闪蒸（Flashing）现象，即木材表面的液态水在压力突降时剧烈沸腾，闪蒸加速了木材水分的排出。由于木材内的自由水在热压时产生较高的蒸汽压力，木材在高温热压干燥质量通常较差，如出现开裂、鼓泡等缺陷，一般可通过降低木材初含水率、降低热压温度和增加"呼吸"频率或时间等途径加以解决，在此不赘述。从Hou等的研究结果看，打开热压板140s后，木材心层压力降至0.1MPa，接近环境大气压，这是缘于木材内部的蒸汽可通过厚度板面快速逃逸所致，此时木材内部仍然存在大量液态自由水，由于蒸汽压力陡然下降，自由水快速汽化使木材心层温度迅速降低，液态自由水与其液面上方的饱和蒸汽重新达到平衡。

现在考察热压过程木材内仅含有结合水的情形。热压板接触到木材后，木材表层温度迅速升高，表层的结合水吸热产生水蒸气，水蒸气扩散至木材细胞腔使水蒸气分压增大。与木材内含有大量自由水时最明显的区别是，结合水产生的水蒸气含量较为有限，水蒸气无法将空气完全驱替，因此木材空腔内的混合气体为水蒸气和干空气组成的湿空气；同时，由于木材细胞腔内不含自由水，细胞壁上可供空气和水蒸气迁移的通道增多，气相流体渗流效率增大，这使得木材内部气压很快与外部环境平衡。当木材表层的液相水蒸发殆尽，表层区域成为"干饱和区"，蒸汽流携带热量逐渐向冷端方向移动，蒸汽流内液相水不断汽化直至全部成为水蒸气，因此称为"后退蒸发前沿"，蒸发前沿以内木材温度始终在沸点温度以下，该部分区域包含液相水和湿空气，本书将其称为"非饱和区"。

总之，木材在热压时，若木材含有大量的自由水，木材内部蒸汽始终处于饱和状态，木材内部压力远远超过外界环境大气压，液相水与其蒸汽共存并处于相平衡；若木材仅含有结合水，液相水产生的水蒸气有限，无法使内部空气达到饱和，热压温度在 100℃ 以上时，木材表层先出现"后退蒸发前沿"。随着热压的进行，该蒸发前沿逐渐向心层移动，蒸发前沿将木材分为"干饱和区"和"非饱和区"，热压过程中能观察到"100℃温度平稳期"，但若木材含水率过低也将导致无法在试验中观察到该现象。

2.3　木材热压过程物理模型描述

木材单侧热压的特点是上压板加热并维持在目标温度，下压板不加热并持续通入冷却水，因此冷端温度与室温接近。木材与厚度控制规一起放在下压板上，当上压板与木材上表面接触时热压试验开始，一般将"热进热出"的木材热压过程分为 4 个阶段，即：预热（τ_1）、进给压缩（τ_2）、保压（τ_3）和压板张开（τ_4），其中 τ_i 为各个试验步骤所用的时间。上压板与木材表面接触伊始，木材表面温度迅速上升，热流从木材表面逐层传递至木材的冷端，而冷端因通入冷却水，因此热量被不断带走；与此同时热端木材表层的水分迅速汽化，形成的蒸汽流向木材内部迁移，随着热压的进行该"后退蒸发前沿"不断向木材的冷端移动，值得注意的一点是在此过程中有部分水蒸气还将通过木材的侧面和端面迁出，因此木材总体含水率会有所降低。木材单侧表面热压压缩示意如图 2-6 所示，其中 F 为热压板施加压力；t_p 为热压板温度；t_0 为冷端温度或环境温度，同时也是木材的初始温度；ρ_v 和 ρ_a 代表木材内的水蒸气密度和干空气密度；u、v 和 w 是空气或水蒸气沿不同方向的渗流速度，单侧热压时水蒸气（Vapor）和干空气（Air）均从热端向冷端及木材的侧面和端面处迁移。

木材单侧压缩前的初含水率基本在 15% 以下，热压过程中木材内部虽然也形成了含水率梯度，理论上结合水将在含水率梯度的驱动下发生扩散，在厚度方向表现为结合水从冷端向热端迁移，这恰好与水蒸气的渗流方向相反。然而，木材在高温热压过程中结合水的扩散对水分迁移的贡献非常小，受气相流体压力差驱动的水蒸气渗流起主导作用，且热压温度越高木材内部水蒸气分压越大，渗流效应越明显。水蒸气的渗流对传热的贡献不可忽视，后退蒸发前沿不断从木材表层向心层移动，伴随着遇冷凝结——受热蒸发过程产生的相变促进了木材内部的传热，同时，正是水蒸气的迁移决定了木材内部水分的重新

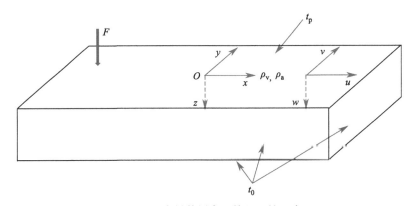

图 2-6　木材单侧表面热压压缩示意

分布。如图 2-7 所示，后退蒸发前沿将热压的木材在厚度方向上分为干饱和区（内部液相水蒸发殆尽）和非饱和区（同时含有液相水和水蒸气），后退蒸发前沿是一层非常薄的蒸汽流，这股蒸汽流的温度维持在 100℃。干饱和区内液相结合水已全部蒸发完毕，水蒸气处于过热状态，而非饱和区内仍然含有液相结合水，一般认为只有当液相水蒸发殆尽，木材的温度才能超过沸点温度。汪佑宏等认为后退蒸发前沿（其文献中称为"界面"）是木材自由水和结合水的分界，木材含水率只要降低在 FSP 以下时其温度即会超过沸点温度，这显然与笔者研究发现的"100℃温度平稳期"事实不符（周桥芳，2021 年），同时也与 Hou 等研究中木材内部超过 100℃的液态水与蒸汽共存的事实不符，因此将后退蒸发前沿理解为木材的液相水是否蒸发殆尽的分界更为合理。

　　虽然热压时木材干饱和区内液相水已蒸发殆尽，但该区域水蒸气分压（密度）仍然较高，木材微环境的相对湿度并不为零，因此细胞壁的微细表面对水蒸气的吸附数量十分可观，一旦热压加热停止，木材内部温度降低，吸附的水蒸气很快凝结成液态，正是这个原因，即使在高温下木材表层部位也难以达到绝干状态。Avramidis（1989 年）分析对比了四个木材 EMC 模型，虽然模型预测值与试验数据的吻合度较高，但文中的木材 EMC 模型只适用于低温（<75℃）状态，无法应用到木材高温热压研究中。Thoemen 根据 Weichert 和 Engelhardt 的研究数据绘制了从低温到高温阶段的木材 EMC 曲线，如图 2-8 所示，其中 170℃以内为测量结果，170℃以外为外推结果。从图 2-8 中可知木材温度为 150℃时，随着相对湿度提高，木材 EMC 增大，当相对湿度接近饱和时，木材 EMC 约为 17%。而在常温（20℃左右）、相对湿度为 65% 时，根据图 2-8 可知木材 EMC 为 11% ～ 12%，这与经典文献中描述的气干状态下木材 EMC 为 12% 的结果十分接近。

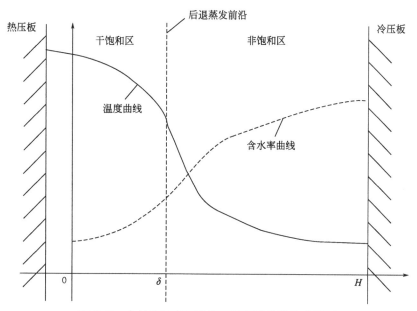

图 2-7　木材单侧表面热压后退蒸发前沿移动模型

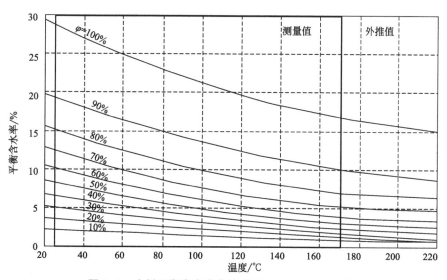

图 2-8　木材平衡含水率曲线（Thoemen，2000 年）

　　之前已对木材内部热量和水分迁移的基本原理做了详细的分析，但要建立木材单侧表面热压压缩的模型，还需要对木材及其热压过程做一些适当的假定，以顺利描述木材热压过程的复杂传热传质机理。现引入如下假定。

假定 1：热压板为无限容量的热源／冷源，热端温度恒定且不受木材吸热的影响，冷端温度与冷却水温度保持一致，不受木材传热的影响。

假定 2：忽略木材早、晚材构造和密度的差异，未压缩前木材的密度在各个位置是均匀一致的；对木材实施压缩后，木材仅在厚度方向上产生变形，而长度和宽度方向不产生任何变形，木材压缩过程中不产生回弹。

假定 3：依据局部容积平均方法将木材划分为一系列的表征体元（Representative Elementary Volume，REV），木材表征体元内部处于热力平衡状态，其间的固相 - 液相 - 气相之间不存在温差，微元的木材 EMC 与其温、湿度处于动态平衡。

假定 4：木材压缩前含水率低于 15%，全部为结合水，结合水以蒸发 - 渗流进行迁移，总驱动力是蒸气压梯度，忽略液相水的扩散作用，同时不将木材区分为干饱和区与非饱和区，该假定既可大大降低模型难度，又具备相当程度的合理性，尤其是对于热压时间较短的数值模拟过程。

假定 5：因木材长度远大于其宽度和厚度，忽略木材长度方向的热质迁移，仅考虑木材沿厚度和宽度方向的传热、传质，即将热压模型简化为二维的模型。

假定 6：木材内的水蒸气和空气视为理想气体，遵循理想气体状态方程，同时水蒸气和空气的运动规律由达西定律支配。

假定 7：忽略木材热压过程中因含水率变化产生的干缩湿胀及尺寸变形。

2.4　木材热压过程数学模型构建

刘伟等认为，孔隙内湿分含量的多少是决定非饱和多孔介质内部湿分运动机制的主要因素。在研究中，人们通常以质量湿分含量与体积湿分含量两种方式来描述空隙内的湿分量，这两种定义各有其优缺点。质量湿分含量的定义为每千克固体中所含有湿分的质量分数（如木材含水率），应用这种定义，蒸汽及空气的含量可以忽略不计，而只考虑液态湿分的质量含量，使问题得以简化，即可以直接用液体质扩散系数来描述湿分的运动，但是这种定义方式忽略了孔隙内蒸汽与空气的运动，使得多孔介质内部驱动机制的描述不尽完善。为此，人们也采用体积湿分含量的概念，即用液体与蒸汽所占空隙的体积分数来描述多孔介质的内部湿分。采用体积湿分含量的定义，木材含水率和木材内液相水饱和度及水蒸气含量之间可进行换算，详见下文的计算公式。

木材内任一相含量的表达式可以写成如下形式。

$$\varepsilon_i = \frac{V_i}{V_T} \tag{2-4}$$

式中，V_i 表示 i 相体积；V_T 表示多孔介质（材料）的总体积。

根据该定义，木材固相骨架体积含量的计算公式为

$$\varepsilon_s = \frac{V_s}{V_T} = \frac{\dfrac{m_s}{\rho_s}}{\dfrac{m_s}{\rho_0}} = \frac{\rho_0}{\rho_s} \tag{2-5}$$

式中，m_s 表示木材固相骨架的质量；ρ_s 表示木材的实质密度，一般取 1500kg/m³；ρ_0 表示木材的绝干密度。

对于木材压缩过程，由于木材在厚度方向（z 方向）产生形变，因此木材的固相骨架体积含量是关于空间和时间的函数，即

$$\varepsilon_s(z,\tau) = \frac{\rho_0(z,\tau)}{\rho_s} \tag{2-6}$$

木材内液相水体积含量的计算公式为

$$\varepsilon_l = \frac{V_l}{V_T} = \frac{\dfrac{m_l}{\rho_l}}{\dfrac{m_s}{\rho_0}} = \frac{m_l}{m_s} \times \frac{\rho_0}{\rho_l} \tag{2-7}$$

式中，m_l 表示木材内液相水的质量；ρ_l 表示水的密度，一般取 1000kg/m³。

木材含水率可表示为

$$u = \frac{m_l + m_v}{m_s} \approx \frac{m_l}{m_s} \tag{2-8}$$

式中，u 表示木材含水率，定义为单位质量的干木材内含有水分的质量，因为水蒸气的密度远远小于液相水的密度，因此在表达木材含水率时水蒸气的占比可忽略不计。举一个极端例子说明为何水蒸气相对于液相水含量可忽略不计：在 150℃时，饱和水蒸气密度为 2.54kg/m³，水的密度约为 1000kg/m³，水的密度是水蒸气密度的 394 倍，而水蒸气在木材内部的状态远远达不到饱和，两者密度之差就更大，因此水蒸气的含量可忽略不计。

联立式（2-6）和式（2-7）可得

$$\varepsilon_l = u \frac{\rho_0}{\rho_l} \tag{2-9}$$

通过式（2-9）建立起木材内液相水体积含量和木材含水率的关系，对于

吸附性多孔材料，含水率反映了干基对水分的吸附程度。普遍来说在一定温、湿度平衡下不同树种木材的含水率相近，同时含水率也最为容易获取，因此相对于非吸附性多孔材料的液相水饱和度概念，木材等吸附性多孔材料选择含水率概念更为合适，这也是木材科学研究领域普遍使用木材含水率概念的缘故。

木材内气相流体（总称混合气体，包含干空气和水蒸气）体积含量的计算公式为

$$\varepsilon_g = 1 - \varepsilon_s - \varepsilon_l \tag{2-10}$$

根据前述木材热压热质迁移物理模型以及相关假定，基于质量、动量和能量守恒定律以及多孔介质"多场 - 相变 - 扩散机制"等理论，将木材单侧表面热压数学模型的控制方程描述如下。

（1）连续性方程（质量守恒）

液相水：

$$\frac{\partial(\rho_l \varepsilon_l)}{\partial \tau} = -\dot{m} \tag{2-11}$$

式中，ρ_l 表示液相水的密度；$\dot{m}$ 表示木材内液相水的体积蒸发率；τ 表示时间。

该方程反映了单位时间木材表征体元的液相水质量的变化等于同一时间该单元内液相水由于相变产生的质量变化。根据假定 4，液相水的扩散项不出现在该方程中。

干空气：

$$\frac{\partial(\rho_a \varepsilon_g)}{\partial \tau} + \frac{\partial(\rho_a v_g)}{\partial y} + \frac{\partial(\rho_a w_g)}{\partial z} = 0 \tag{2-12}$$

式中，ρ_a 表示干空气的密度；ε_g 表示混合气体（干空气和水蒸气）的体积含量；v_g 和 w_g 表示混合气体沿木材宽度方向和厚度方向的渗流速度，由于水蒸气与干空气作为整体一起运动，因此两者的渗流速度一致。

该方程反映了单位时间木材表征体元的干空气质量的变化等于同一时间通过表征体元表面进入该单元的干空气质量。

水蒸气：

$$\frac{\partial(\rho_v \varepsilon_g)}{\partial \tau} + \frac{\partial(\rho_v v_g)}{\partial y} + \frac{\partial(\rho_v w_g)}{\partial z} = \dot{m} \tag{2-13}$$

式中，ρ_v 表示水蒸气的密度；v_g 和 w_g 表示水蒸气沿宽度方向和厚度方向的渗流速度。

该方程反映了单位时间木材表征体元的水蒸气质量的变化减去同一时间通过表征体元表面流出该单元的水蒸气质量等于该单元内液相水由于相变产生的质量变化量。

（2）运动方程（动量守恒）

液相水：

$$v_l=w_l=0 \qquad\qquad (2\text{-}14)$$

由于液相水就地蒸发，不发生对流或扩散运动，其渗流速度为零。

干空气：

$$v_g=-\frac{K_g}{\overline{\eta}_g} \times \frac{\partial p_g}{\partial y} \qquad\qquad (2\text{-}15)$$

$$w_g=-\frac{K_g}{\overline{\eta}_g} \times \frac{\partial p_g}{\partial z} \qquad\qquad (2\text{-}16)$$

式中，K_g 表示干空气的有效渗透率；$\overline{\eta}_g$ 表示干空气的平均动力黏度，这是对动力黏度在一定温度范围的光滑处理；p_g 表示干空气压力。

干空气受其压力梯度驱动发生渗流，由于木材细胞空隙通道小，流体运动趋向层流，因此可用达西定律描述其运动规律。水蒸气和干空气一起做整体运动，上述控制方程同时也是水蒸气渗流速度的控制方程。

根据理想气体分压定律，干空气和水蒸气的密度及压力还遵循以下方程。

密度：

$$\rho_g=\rho_a+\rho_v \qquad\qquad (2\text{-}17)$$

压力：

$$p_g=p_a+p_v \qquad\qquad (2\text{-}18)$$

（3）能量方程

$$[\varepsilon_s(\rho_s c_s)+\varepsilon_l(\rho_l c_l)+\varepsilon_g(\rho_v c_v+\rho_a c_a)]\frac{\partial t}{\partial \tau} =\lambda_e\left(\frac{\partial^2 t}{\partial y^2}+\frac{\partial^2 t}{\partial z^2}\right)-$$

$$\frac{\partial(\rho_g c_g vt)}{\partial y}-\frac{\partial(\rho_g c_g wt)}{\partial z}-\gamma\dot{m} \qquad (2\text{-}19)$$

式中，c_s、c_l、c_v 和 c_a 表示木材实质、液相水、水蒸气和干空气的比热容；λ_e 表示木材的有效热导率；γ 表示液相水的气化潜热。

该方程反映了单位时间木材表征体元的能量的增加（等式左边）等于以导热方式通过表征体元表面导入的能量与以对流方式通过表征体元表面传入的能量之和并减去液相水因为蒸发带走的气化潜热（等式右边）。

除以上三大守恒定律导出的方程外，还需引入必要的若干等式使方程组闭合。首先，根据假定 6，木材内干空气和水蒸气均视为理想气体，遵循理想气体状态方程。

干空气：

$$p_a = \rho_a \frac{R(t+273.15)}{M_a} \tag{2-20}$$

水蒸气：

$$p_v = \rho_v \frac{R(t+273.15)}{M_v} \tag{2-21}$$

式中，M_a 表示干空气的摩尔质量；M_v 表示水的摩尔质量；R 表示通用气体常数；t 表示混合气体（或木材）的温度。

根据假定 3，木材表征体元内部处于热力平衡状态，其间的固相 - 液相 - 气相之间不存在温差，微元的木材 EMC 与其温、湿度处于动态平衡，Thoemen 在其研究中给出了木材从低温到高温阶段的木材 EMC 曲线，因此木材含水率与其温度、湿度的关系可从图 2-8 查得，即满足图线中的关系。

$$u_{EMC} = f(t,\varphi) \tag{2-22a}$$

式中，φ 表示木材表征体元内微环境的相对湿度。

为拟合 u_{EMC} 的函数关系，首先采用图形数据提取软件 GetData 将图 2-8 的主要离散数据获取，如表 2-1 所示；然后利用七维高科公司开发的软件 1stOpt（First Optimization）对离散数据进行拟合分析，拟合算法为麦夸特法（Levenberg-Marquardt）＋ 通用全局优化法，得到木材平衡含水率 u_{EMC} 关于温度 t 和相对湿度 φ 的函数关系，如式（2-22b）所示。

$$u_{EMC} = \frac{p_1 + p_2 \ln t + p_3 (\ln t)^2 + p_4 (\ln t)^3 + p_5 \ln \varphi + p_6 (\ln \varphi)^2}{1 + p_7 \ln t + p_8 (\ln t)^2 + p_9 \ln \varphi + p_{10} (\ln \varphi)^2 + p_{11} (\ln \varphi)^3} \tag{2-22b}$$

式中，$p_1=-38.580$，$p_2=74.016$，$p_3=-18.484$，$p_4=1.2288$，$p_5=16.725$，$p_6=9.2433$，$p_7=0.51429$，$p_8=-0.091423$，$p_9=-7.0284$，$p_{10}=-5.6372$，$p_{11}=-3.4658$。以上参数均保留 5 位有效数字，该式拟合 R 值为 0.9998，相对湿度在 30%～100% 时木材模型计算 EMC 与测量 EMC 相对误差低于 2%。

木材微环境的相对湿度可由空气相对湿度公式计算求得，即

$$\varphi = \frac{p_v}{p_{sv}} \times 100\% \tag{2-23}$$

式（2-23）中饱和蒸气压 p_{sv} 可由式（2-2）求得，重新引列如下。

$$p_{sv} = 22.064 \exp \left\{ \left[7.2148 + 3.9564 \times \left(0.745 - \frac{t+273.15}{647.14} \right)^2 + 1.3487 \times \right. \right.$$
$$\left. \left. \left(0.745 - \frac{t+273.15}{647.14} \right)^{3.1778} \right] \times \left(1 - \frac{647.14}{t+273.15} \right) \right\} \tag{2-24}$$

表 2-1　不同温度和相对湿度的木材平衡含水率　　　　　　　单位：%

相对湿度	温度/℃							
	20	40	60	80	100	120	140	160
0.1	2.239	2.008	1.767	1.527	1.364	1.210	1.039	0.885
0.2	3.643	3.334	2.939	2.612	2.226	1.899	1.668	1.341
0.3	5.202	4.626	4.093	3.620	3.070	2.674	2.210	1.892
0.4	6.830	5.961	5.178	4.559	3.931	3.381	2.899	2.504
0.5	8.536	7.434	6.496	5.644	4.853	4.225	3.606	3.202
0.6	10.474	9.140	7.969	6.953	5.938	5.155	4.527	3.985
0.7	12.791	11.319	9.907	8.668	7.574	6.628	5.922	5.295
0.8	15.581	13.868	12.396	10.985	9.823	8.798	7.938	7.233
0.9	19.768	17.985	16.350	14.860	13.457	12.287	11.271	10.411
1	29.380	27.055	24.868	22.931	21.218	19.660	18.326	17.241

式（2-4）～式（2-24）构成了木材单侧接触加热的热量和水分传递控制方程，其中式（2-6）反映了木材压缩过程的参数变化，木材单侧表面压缩的热质迁移数学模型构建完毕。对于具体的研究问题，则需给出定解条件，包括几何条件、物理条件（参数）、初始条件和边界条件，分列如下。

（1）几何条件

热压木材四面刨光可视为规则的长方体，其长度为 L，宽度为 W，厚度（或称高度）为 H，根据假设本研究只需考虑木材的 W 和 H 二维方向的传热传质。不妨将 W 方向设为 y 轴，H 方向设为 z 轴，以木材热接触面为 z 轴原点、宽度左侧为 y 轴原点构建 yOz 平面，如图 2-9 所示。

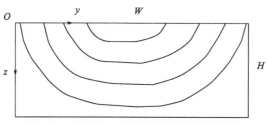

图 2-9　热压下木材宽度和厚度二维坐标系

（2）物理条件

控制方程中引入较多的物性参数，如密度、比热容、有效热导率、气化潜热、有效渗透率、动力黏度和热导率等，均从相关文献获得，物性参数和相关变量统一列入表 2-2。

表 2-2　控制方程所用物性参数和部分变量

参数	数值	引用文献
木材基质的密度	$\rho_s=1500kg/m^3$	成俊卿，1985 年
毛白杨木材的绝干密度	压缩前 $\rho_0=400 \sim 500kg/m^3$；压缩后根据 VDP 计算	本研究确定
水的密度	$\rho_l=1000kg/m^3$	严家骡，2007 年
毛白杨木材的有效热导率	$\lambda_{e,u}=\lambda_{dry}+\dfrac{u}{u_{air}}(\lambda_{air}-\lambda_{dry})$	周桥芳，2021 年
木材基质的比热容	$c_s=1354J/(kg \cdot K)$	俞昌铭，2011 年
水的比热容	$c_l=4200J/(kg \cdot K)$	严家骡，2007 年
水蒸气的比热容	$c_v=1863J/(kg \cdot K)$	严家骡，2007 年
干空气的比热容	$c_a=1005J/(kg \cdot K)$	严家骡，2007 年
水的气化潜热	$\gamma=2256.6J/kg$，取 $t=100℃$ 值代替本模型的平均气化潜热	严家骡，2007 年
干空气的摩尔质量	$M_a=28.97\times10^{-3}kg/mol$	严家骡，2007 年
水的摩尔质量	$M_v=18.02\times10^{-3}kg/mol$	严家骡，2007 年
摩尔气体常数	$R=8.3145J/(mol \cdot K)$	严家骡，2007 年
混合气体有效渗透率	$K_g=10^{-15} \sim 10^{-13}m^2$	俞昌铭，2011 年
混合气体平均动力黏度	$\overline{\eta}_g=21.6\times10^{-6}Pa \cdot s$	俞昌铭，2011 年
木材平衡含水率	$u_{EMC}=f(t,\varphi)$	Thoemen，2000 年
饱和蒸气压	$p_{sv}=f(t)$	严家骡，2007 年

（3）初始条件

本研究中木材热压模型的初始条件包括热压前木材内部的温度分布 $t(y, z, 0)$、含水率分布 $u(y, z, 0)$、木材的绝干密度分布 $\rho_0(y, z, 0)$[或固相含量分布 $\varepsilon_s(y, z, 0)$]、木材内部混合气体总压力分布 $p_g(y, z, 0)$，以及外部环境的温度 t_e、相对湿度 φ_e、压力 p_e，以上条件应当提前给定。初始条件对模型计算结果的影响将随着时间的延长逐渐消失，而边界条件的影响则变得越来越重要。

（4）边界条件

木材与热压板接触界面属于第一类边界条件，一般认为木材表面自接触开始其温度等于热压板温度，木材表面温度将滞后于热压板温度，两种情况对传热传质的影响可由模型计算结果进行比较。

现将热压接触面的边界条件列出。

$z=0$：

$t=t_{p1}$，t_{p1} 为热压板的热端温度；

$w=0$，流体垂直速度为零，即该界面绝湿。

$z=H$：

$t=t_{p2}$，t_{p2} 为热压板的冷端温度；

$w=0$，流体垂直速度为零，即该界面绝湿。

木材宽度方向的侧面与环境接触，通过对流与环境进行热交换，而水蒸气和干空气则在压力梯度驱动下向环境迁移，边界压力即为环境压力，而边界水蒸气分压等与环境水蒸气分压，将其边界条件列出如下。

$y=0$：

$$h(t_e-t)=-\lambda_e\frac{\partial t}{\partial \tau}，t_e 为外部环境温度；$$

$p_g=p_e$，木材边界混合气体的压力等于外部环境压力；

$p_v=p_{ve}$，木材边界的水蒸气分压等于外部环境水蒸气分压。

$y=W$：

$$h(t_e-t)=\lambda_e\frac{\partial t}{\partial \tau}，t_e 为外部环境温度；$$

$p_g=p_e$，木材边界混合气体的压力等于外部环境压力；

$p_v=p_{ve}$，木材边界的水蒸气分压等于外部环境水蒸气分压。

综上所述，木材热压过程的热质迁移模型涉及木材温度、木材固相含量（绝干密度）、液相含量（含水率）、气相含量、体积蒸发率、流体速度和压力等 17 个变量，变量间还存在耦合，为了获取以上复杂的偏微分方程组的计算结果，需通过数值解法进行求解。

2.5　控制方程的离散

采用内节点法对热压木材宽度 × 厚度的二维求解区域进行空间的离散，宽度方向的内单元编号为 i，从 1～IY，厚度方向的内单元编号为 j，从 1～JZ，如图 2-10 所示，每个节点代表一个控制单元。这样，温度、固相含量（木材绝干密度）、液相含量（含水率）、干空气压力和密度、水蒸气

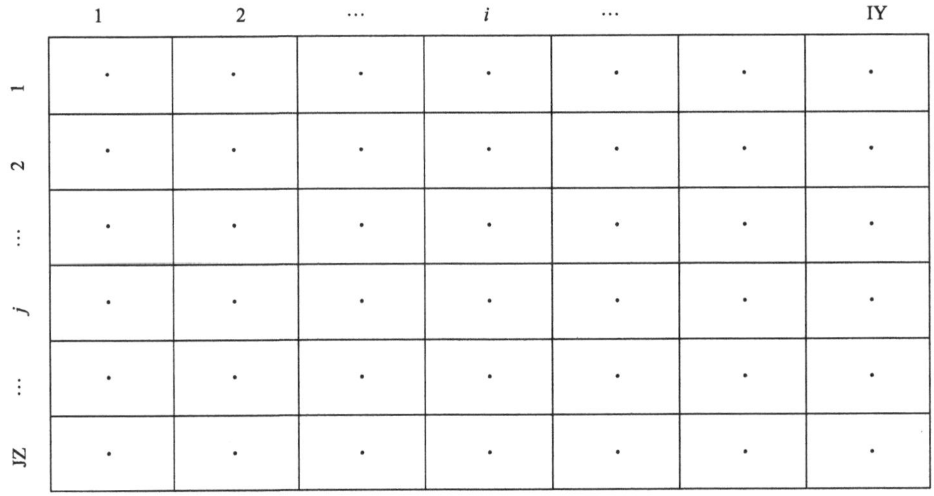

	1	2	⋯	i	⋯	IY
1	·	·	·	·	·	·
2	·	·	·	·	·	·
⋮	·	·	·	·	·	·
j	·	·	·	·	·	·
⋮	·	·	·	·	·	·
JZ	·	·	·	·	·	·

图 2-10　木材宽度 × 厚度二维求解区域的离散

压力和密度等变量均可离散到每个控制单元里。若气相流体速度同样离散到温度等变量的控制单元里，则称该法为"同位网格法"，由于流体压力和速度的耦合效应，极容易使求解结果出现"棋盘状压力场"。因此，将流体速度离散到控制单元边界的所谓"交错网格法"应运而生，该方法可有效避免流体压力场的失真，采用该方法对流体速度进行离散，具体操作如图 2-11所示。

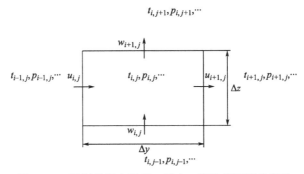

图 2-11　控制单元中温度、压力、速度等变量的离散

　　对于传热传质控制方程，时间项的离散一般采用向前差分，扩散项的离散采用中心差分，如此处理基本可满足计算精度，但对流项的离散则需十分谨慎。对流运动具有强烈的方向性，上游信息对下游具有重要影响，但下游信息则无法对上游造成干扰，当前对流项的离散格式有很多，其中包括中心差分格

式、一阶迎风格式、二阶迎风格式、QUICK 格式、SCSD 格式、SGSD 格式、MINMOD 格式、SMART 格式和 HOAB 格式等，后三种属于高阶有界格式，实施难度较大。从经济性和稳定性出发，采用中心差分和二阶迎风差分组合的 SGSD 格式（Stability Guaranteed Second-order Difference Scheme）离散控制方程的对流项，这主要是考虑到木材内流体速度并不大，流体压力并不高的客观实际，计算精度和准确度可完全满足。

描述木材热压过程热质耦合迁移的控制方程的通用形式均可表示为式（2-25）。

$$\frac{\partial(\rho\phi)}{\partial\tau}+\frac{\partial(\rho v\phi)}{\partial y}+\frac{\partial(\rho w\phi)}{\partial z}=\frac{\partial}{\partial y}\left(\Gamma\frac{\partial\phi}{\partial y}\right)+\frac{\partial}{\partial z}\left(\Gamma\frac{\partial\phi}{\partial z}\right)+S \quad (2\text{-}25)$$

式中，ϕ 为通用变量（如温度 t）；Γ 为广义扩散系数。

通过式（2-25）在时间和空间上对控制单元求积分，非稳态项在空间上采取阶梯型线，对流项、扩散项和源项在时间上采取显式阶梯型线，在空间上采取线性型线（源项仍采取阶梯型线），整理可得式（2-26）。

$$a_P\phi_P^n=a_W\phi_W^{n-1}+a_E\phi_E^{n-1}+a_S\phi_S^{n-1}+a_N\phi_N^{n-1}+b \quad (2\text{-}26)$$

式中

$$a_W=D_w+\max(F_w,0) \quad (2\text{-}27)$$

$$a_E=D_e+\max(F_e,0) \quad (2\text{-}28)$$

$$a_S=D_s+\max(F_s,0) \quad (2\text{-}29)$$

$$a_N=D_n+\max(F_n,0) \quad (2\text{-}30)$$

$$a_P=\frac{\rho_P\Delta y\Delta z}{\Delta\tau}+a_W+a_E+a_S+a_N+(F_e-F_w)+(F_n-F_s)-(S_P+S_{P,ad})\Delta y\Delta z \quad (2\text{-}31)$$

$$b=\frac{(\rho\phi)_P^{n-1}\Delta y\Delta z}{\Delta\tau}+(S_C+S_{C,ad})\Delta y\Delta z-[\max(F_e,0)(\phi_e^+-\phi_P)^{n-1}-$$

$$\max(-F_e,0)(\phi_e^--\phi_E)^{n-1}-\max(F_w,0)(\phi_w^+-\phi_W)^{n-1}+\max(-F_w,0)(\phi_w^--\phi_P)^{n-1}]-$$

$$[\max(F_n,0)(\phi_n^+-\phi_P)^{n-1}-\max(-F_n,0)(\phi_n^+-\phi_N)^{n-1}-\max(F_s,0)(\phi_s^+-\phi_S)^{n-1}+$$

$$\max(-F_s,0)(\phi_s^--\phi_P)^{n-1}] \quad (2\text{-}32)$$

式中，上标 n 代表当前时层（待求解），$n-1$ 代表上一时层；F_w、F_e、F_s 和 F_n 分别为界面 w、界面 e、界面 s 和界面 n 的流量；D_w、D_e、D_s 和 D_n 分别为界面 w、界面 e、界面 s 和界面 n 的扩导。

$S_{P,ad}$ 和 $S_{C,ad}$ 只对边界邻点有效，其余内点均为 0，附加源项的定义和表达式可参考有关文献。左边界邻点的系数 a_W、右边界邻点的系数 a_E、下边界邻

点的系数 a_S 和上边界邻点的系数 a_N 均为 0。式（2-27）～式（2-32）中的界面流量和界面扩导按表 2-3 的表达式计算。

表 2-3　界面流量和界面扩导的表达式

界面流量	表达式	界面扩导	表达式
F_w	$(\rho v)_w \Delta z$	D_w	$\dfrac{\Gamma_w \Delta z}{(\delta y)_w}$
F_e	$(\rho v)_e \Delta z$	D_e	$\dfrac{\Gamma_e \Delta z}{(\delta y)_e}$
F_s	$(\rho w)_s \Delta y$	D_s	$\dfrac{\Gamma_s \Delta y}{(\delta z)_s}$
F_n	$(\rho w)_n \Delta y$	D_n	$\dfrac{\Gamma_n \Delta y}{(\delta z)_n}$

注：Δy 和 Δz 分别为 FVM 中控制单元在 y 和 z 方向上的长度；δy 和 δz 分别为在 y 和 z 方向上两相邻节点之间的空间距离。

特别地，ϕ^+ 与 ϕ^- 表示采用 SGSD 格式计算所得的控制单元界面处的变量值，正号表示流动方向与坐标轴方向相同，负号表示流动方向与坐标轴方向相反。SGSD 格式是中心差分格式（CD）和二阶迎风格式（SUD）的组合，以计算 ϕ_e 为例，表示如下。

中心差分格式（CD）

$$\phi_e = \frac{1}{2}(\phi_P + \phi_E) \tag{2-33}$$

二阶迎风格式（SUD）

$$\phi_e = \frac{3}{2}\phi_P - \frac{1}{2}\phi_W \text{（风速 } v > 0 \text{ 时）} \tag{2-34a}$$

$$\phi_e = \frac{3}{2}\phi_E - \frac{1}{2}\phi_{EE} \text{（风速 } v < 0 \text{ 时）} \tag{2-34b}$$

SGSD 格式

$$\phi_e = \beta \phi_e^{CD} + (1-\beta)\phi_e^{SUD} \tag{2-35}$$

$$\beta = \frac{2}{2+P_\Delta} = \frac{2}{2+\dfrac{\rho v \delta y}{\Gamma}} \tag{2-36}$$

因此，木材热压过程热质耦合迁移的控制方程的通用形式可通过式（2-25）～式（2-36）离散，由于使用了显式离散方法，当前时刻的待求变量可直接由上一时刻的变量（或已求得的当前时刻的其他变量）计算得出，方便编制计算程序。以下行文运用该通用形式的解，将控制方程逐个离散并整理得到。

由于热压木材的能量输入是主要驱动，首先将能量方程进行离散，内单元（除边界单元和角单元以外的控制单元。若增设边界单元，所有控制单元将成为内单元，下文将有述及）的离散方程为

$$t_{i,j}^n = t_{i,j}^{n-1} + \cfrac{\cfrac{\Delta\tau}{\Delta y \Delta z}}{\varepsilon_{s,i,j}\rho_s c_s + \varepsilon_{1,i,j}\rho_1 c_1 + \varepsilon_{g,i,j}(\rho_{v,i,j}c_v + \rho_{a,i,j}c_a)} \times$$

$$[\lambda_e \frac{t_{i-1,j}^{n-1} - t_{i,j}^{n-1}}{\Delta y}\Delta z + \lambda_e \frac{t_{i+1,j}^{n-1} - t_{i,j}^{n-1}}{\Delta y}\Delta z + \lambda_e \frac{t_{i,j-1}^{n-1} - t_{i,j}^{n-1}}{\Delta z}\Delta y +$$

$$\lambda_e \frac{t_{i,j+1}^{n-1} - t_{i,j}^{n-1}}{\Delta z}\Delta y - (\rho_g c_g vt\Delta z)|_w^e - (\rho_g c_g wt\Delta y)|_s^n - \dot{\gamma m}_{i,j}^{n-1}\Delta y\Delta z] \qquad (2\text{-}37)$$

式中，$(\rho_g c_g vt\Delta z)|_w^e$ 和 $(\rho_g c_g wt\Delta y)|_s^n$ 为界面的流量和温度的乘积，按 SGSD 格式由式（2-35）和式（2-36）计算，初始时刻的渗流速度为零，以后时刻的渗流速度由式（2-41）和式（2-42）给出；初始时刻的液相水体积蒸发率为零，以后时刻的值由式（2-45）给出；混合气体的密度由式（2-48）给出；木材各相的体积含量分别由式（2-24）、式（2-49）和式（2-50）求得。边界单元和角单元按其边界条件（上下边界为接触加热、左右边界为对流换热）进行离散即可。

热压木材受热温度提高，内部空气和水蒸气压力增大，对两者的状态方程进行离散得

$$p_{a,i,j}^n = \rho_{a,i,j}^{n-1} \frac{R(t_{i,j}^n + 273.15)}{M_a} \qquad (2\text{-}38)$$

$$p_{v,i,j}^n = \rho_{v,i,j}^{n-1} \frac{R(t_{i,j}^n + 273.15)}{M_v} \qquad (2\text{-}39)$$

$$p_{g,i,j}^n = p_{a,i,j}^n + p_{v,i,j}^n \qquad (2\text{-}40)$$

式中，$t_{i,j}^n$ 是最新获取的温度信息。

在计算得到混合气体压力信息后，可根据运动方程求得流体的渗流速度，对二维方向的渗流速度方程进行离散可得

$$v_{g,i,j}^n = \frac{K_g}{\bar{\eta}_g} \times \frac{p_{g,i,j}^n - p_{g,i-1,j}^n}{\Delta y} \qquad (2\text{-}41)$$

$$w_{g,i,j}^n = \frac{K_g}{\bar{\eta}_g} \times \frac{p_{g,i,j}^n - p_{g,i,j-1}^n}{\Delta z} \qquad (2\text{-}42)$$

对于边界渗流速度的处理，根据边界条件而定，其中上下边界渗流速度为零，左右边界的边界压力为环境大气压（假定为 10^5Pa），边界水蒸气分压等于环境水蒸气分压。

同时，根据水蒸气压力 p_v 和温度 t，可运用木材平衡含水率拟合方程求得木材当前时刻的平衡含水率，即

$$u_{i,j}^n = f(t_{i,j}^n, \varphi_{i,j}^n) \tag{2-43}$$

式中，相对湿度 φ 可由水蒸气分压 p_v 和饱和蒸气压 p_{sv} 的结果计算得到，p_v 和 p_{sv} 则依据式（2-23）和式（2-24）计算得到。u_{EMC} 具体的表达式为式（2-22b），在此不再展开。

根据式（2-9）液相水体积含量和木材含水率的关系可求得

$$\varepsilon_{1,i,j}^n = u_{i,j}^n \frac{\rho_{0,i,j}^n}{\rho_1} \tag{2-44}$$

式中，$\rho_{0,i,j}^n$ 在不压缩的条件下为常数，目前还没有引入关于木材受力形变的方程，因此压缩后的木材密度只能根据 VDP 计算，即采取事后验证的方式。

在获取液相水体积含量后，式（2-11）实质上是关于液相水体积蒸发率的等式，将其离散即为

$$\dot{m}_{i,j}^n = -\rho_1 \frac{\varepsilon_{1,i,j}^n - \varepsilon_{1,i,j}^{n-1}}{\Delta \tau} \tag{2-45}$$

依据渗流速度和液相水体积蒸发率可计算干空气及水蒸气的密度，将气相流体的连续性方程离散可得

$$\rho_{a,i,j}^n = \rho_{a,i,j}^{n-1} - \frac{\Delta \tau}{\varepsilon_{g,i,j}^{n-1}} \left(\frac{\rho_{a,i,j}^{n-1} v_{g,i,j}^{n-1}}{\Delta y} \Big|_w^e + \frac{\rho_{a,i,j}^{n-1} v_{g,i,j}^{n-1}}{\Delta z} \Big|_s^n \right) \tag{2-46}$$

$$\rho_{v,i,j}^n = \rho_{v,i,j}^{n-1} - \frac{\Delta \tau}{\varepsilon_{g,i,j}^{n-1}} \left(\frac{\rho_{v,i,j}^{n-1} v_{g,i,j}^{n-1}}{\Delta y} \Big|_w^e + \frac{\rho_{v,i,j}^{n-1} v_{g,i,j}^{n-1}}{\Delta z} \Big|_s^n - \dot{m}_{i,j}^{n-1} \right) \tag{2-47}$$

$$\rho_{g,i,j}^n = \rho_{a,i,j}^n + \rho_{v,i,j}^n \tag{2-48}$$

最后，将反映木材各相含量关系的方程式（2-6）和式（2-10）分别离散后得到

$$\varepsilon_{s,i,j}^n = \frac{\rho_{0,i,j}^n}{\rho_s} \tag{2-49}$$

$$\varepsilon_{g,i,j}^n = 1 - \varepsilon_{s,i,j}^n - \varepsilon_{1,i,j}^n \tag{2-50}$$

至此，已将木材热压过程热质耦合迁移的控制方程全部离散 [式（2-37）～式（2-50），以及式（2-22b）、式（2-23）和式（2-24）]。通过 C 语言

自主编程，在 Matlab 软件上运行，可获得各变量的值，然后利用绘图软件（Origin 2018 和 Microsoft Office Excel 2010）将数据通过 2D 或 3D 的形式展现出来以便分析。

在求解热质迁移模型偏微分方程组的程序设计中，给温度、压力、密度等变量增设边界值，如此处理可使所有以上变量的控制单元成为"内单元"，一次性求解所有内单元的值，从而避免将内单元、边界单元和角单元分为 9 种情形讨论、求解，大大缩减编程代码数量，程序源代码详见附录 1。

2.6　数值模拟结果与分析

2.6.1　热压木材内部空气等温渗流

首先考察绝干木材仅在压力场下内部空气的运动和分布，木材上下两面被热压板覆盖，空气无法从板面逸出，该模型还基于以下两点假设：热压板不加热木材，木材内部温度和环境温度一致；木材内部初始压力均匀，且是环境压力的 2 倍。该模型主要模拟了木材内气相流体的等温渗流过程，是木材热压过程的一种简化，研究等温渗流过程可最为直观地分析空气渗透率和木材尺寸因素对空气流速及压力的影响。

木材内空气等温渗流变化过程如图 2-12 ～图 2-14 所示。根据假设，木材内空气渗流主要表现在宽度方向，图 2-12 和图 2-13 描述了木材宽度中心和

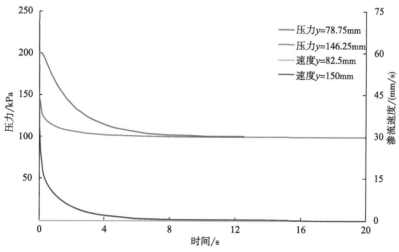

图 2-12　不同位置的空气压力和速度（$K_y=10^{-13}\text{m}^2$，$W=150\text{mm}$）

表面位置的空气压力及渗流速度的变化。当空气渗透率较大时（$K_y=10^{-13}\text{m}^2$），木材内空气的渗流过程相当短暂，在15s内宽度表面位置的渗流速度从最大值（71.68mm/s）降为零，而中心位置的渗流速度在整个过程几乎为零；空气压力的变化规律和渗流速度的变化规律相反，表现为表面位置压力迅速降为零，中心位置的压力缓慢降低。减小空气渗透率（$K_y=10^{-14}\text{m}^2$），木材渗流过程相

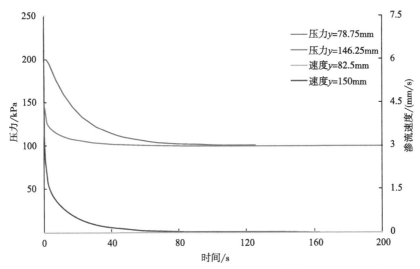

图2-13 不同位置的空气压力和速度（$K_y=10^{-14}\text{m}^2$，$W=150\text{mm}$）

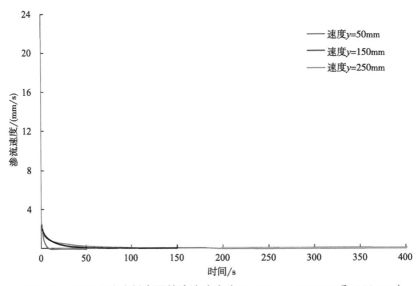

图2-14 不同宽度木材表面的渗流速度（$W=50\text{mm}$、150mm和250mm）

应延长，表面位置的渗流速度从最大值（7.17mm/s）降为零所需时间为 150s，压力响应时间同样延长至 150s。

图 2-14 描述了木材宽度尺寸因素对渗流速度的影响。模型模拟了空气渗透率 $K_y=10^{-14}\text{m}^2$，宽度分别为 50mm、150mm 和 250mm 下的空气渗流过程。随着宽度尺寸增大，渗流过程从 30s 延长至 350s，木材表面的最大渗流速度从 21.50mm/s 降低至 4.30mm/s。显然，木材尺寸越大，渗流过程越慢，渗流速度也越慢。等温渗流过程中空气密度由其压力唯一决定，因此空气密度的响应曲线与空气压力的响应曲线一致，这里不再给出密度随时间的变化图形。

空气渗透率和材料尺寸是绝干木材内部空气运动的重要影响因素，提高渗透率或缩小材料尺寸均能有效增大空气的渗流速度。一般情况下，木材横纹的流体渗透率远低于其顺纹的流体渗透率，因此流体更容易从木材端部逸出，只有当木材长度尺寸远远超过其横纹尺寸（宽度或厚度）或对木材端部进行有效密封，顺纹方向的流体迁移才可以忽略。

2.6.2 热压木材内部空气非等温渗流

在 2.6.1 小节中讨论模型的基础上增加热压板加热的条件，同时木材初始温度和内部空气初始压力与外部环境的温度和压力一致。图 2-15 描述了热压绝干木材表层部位（0 ～ 7mm）从初始时刻至 200s 的温度变化，对于木材单侧热压过程，热压成型时间通常只有数秒至数十秒，因此着重研究 200s 内的传

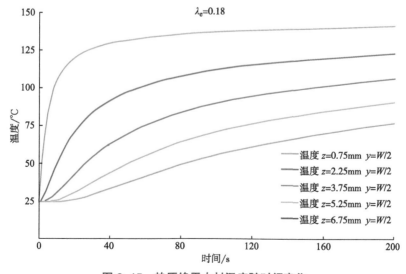

图 2-15　热压绝干木材温度随时间变化

热过程更为合理。模型案例的热压工艺条件及物性参数：热板温度为150℃，冷板通冷却水维持室温（25℃），空气渗透率为$10^{-14}m^2$，动力黏度为21.6×$10^{-6}Pa \cdot s$，木材有效热导率λ_e为0.18W/(m·K)，绝干密度为450kg/m^3，木材的宽度和厚度分别为150mm和30mm，木材宽度表面与环境的对流换热系数为5W/(m^2·K)。假设每升高10℃，热导率增加0.05W/(m·K)。如图2-15所示，木材表层部位的温度随热压时间延长而逐渐升高，越靠近热压表面木材的温度响应越迅速，如$z=0.75$mm位置处的温度在10s内便跃迁至100℃，而越靠近心层（或冷端）木材的温度响应越慢，这反映了木材导热性能差的客观事实。图2-16～图2-19展示了不同时刻木材断面的温度分布，可以看到木材传热主要发生在厚度方向，宽度方向的热流非常弱，仅仅在宽度表层部位能观察到温度有微小的下降，这是因为木材宽度表面与外部环境的对流换热系数较低［5W/(m^2·K)］且木材宽度尺寸远大于其厚度尺寸（150mm/30mm）的缘故。

木材内空气的水平渗流速度和垂直渗流速度分布如图2-20～图2-23所示。对空气水平速度而言，流速值以宽度中心轴呈两边对称，左侧速度为负，右侧速度为正，越接近木材宽度表面渗流速度越快，这与等温渗流过程的数值模拟结果一致。由于本模型案例的空气渗透率较低（$K_y=K_z=10^{-14}m^2$），空气渗流速

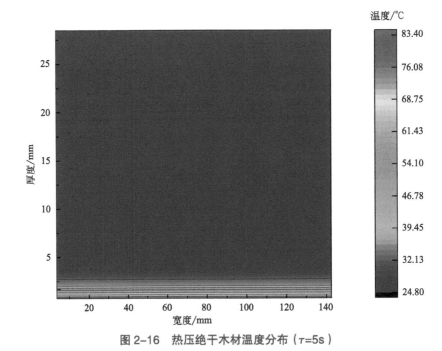

图2-16 热压绝干木材温度分布（τ=5s）

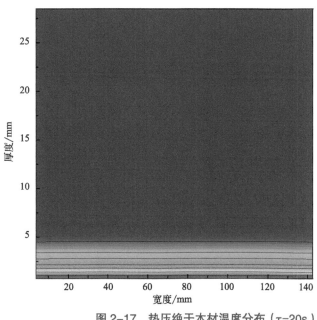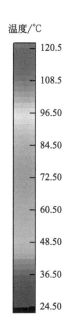

图 2-17 热压绝干木材温度分布（τ=20s）

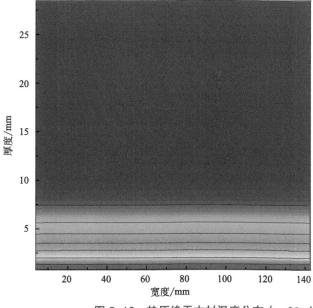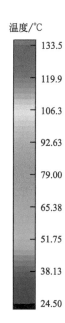

图 2-18 热压绝干木材温度分布（τ=60s）

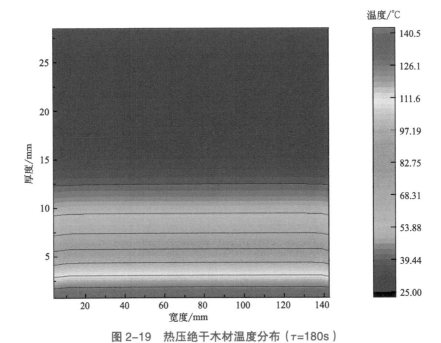

图 2-19　热压绝干木材温度分布（τ=180s）

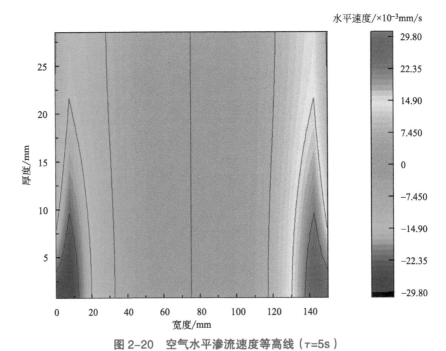

图 2-20　空气水平渗流速度等高线（τ=5s）

水平速度/×10⁻³mm/s

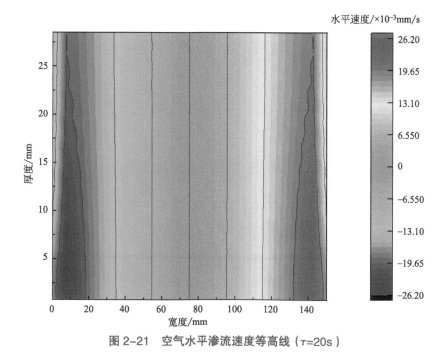

图 2-21　空气水平渗流速度等高线（τ=20s）

垂直速度/×10⁻³mm/s

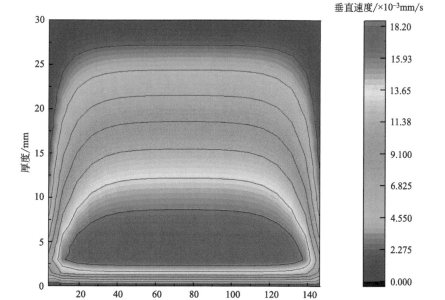

图 2-22　空气垂直渗流速度等高线（τ=5s）

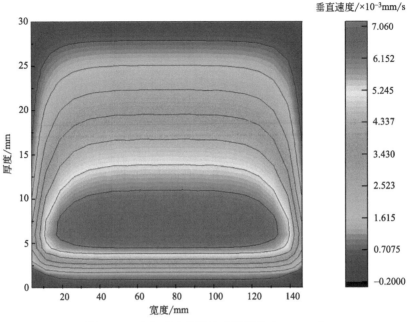

图 2-23 空气垂直渗流速度等高线（τ=20s）

度也相应较小，在 τ=5s 的木材断面空气渗流分布可看到，空气水平渗流速度最大值为 29.8×10^{-3}mm/s。随着时间延长，靠近木材心层部位的空气水平渗流速度逐渐增大，对比 τ=5s 和 τ=20s 的水平空气渗流分布可以观察到这个趋势。对空气垂直速度而言，由于木材单侧加热，加热一侧在垂直方向形成了气流，在 τ=5s 空气垂直渗流速度最大值为 18.2×10^{-3}mm/s，低于同时刻的空气水平速度。随着时间延长至 τ=20s，可明显观测到"速度极值区"（红色区域）向木材冷端移动，这是传热随着时间延长逐渐影响到木材内部的缘故。

　　木材宽度和厚度中心断面的空气密度及压力随时间变化趋势如图 2-24 ～图 2-27 所示。在木材宽度中心断面区域（$y=W/2$），空气密度在厚度方向上变化规律为：靠近热压表面的空气密度迅速减小（z=0.75mm 和 z=2.25mm），其他位置（z=3.75mm、z=5.25mm 和 z=6.75mm）的空气密度先增大后减小。木材表面被加热，空气压力迅速增大引起了气流向内部和水平方向移动，因此该部位空气密度随之减小，这与预期相吻合；随着传热的深入，木材内部的空气也受到影响，因此密度先增后降。而在木材厚度中心断面区域（$z=H/2$），空气密度在宽度方向的变化规律为：越靠近宽度表面，空气密度的响应越快，空气密度先增后降，这主要是从垂直方向迁移的空气流引起的密度变化。总体而言，空气密度在厚度方向的变化比宽度方向的变化更显著。空气压力由空气温度和密度共同决定，从图 2-26 和图 2-27 可知，空气压力在厚度方向的变化非常小，空气温度和密度的影响基本能够互相抵消，该模拟结果和俞昌铭（2011年）的模拟结果一致；而在宽度方向，空气压力的变化较为明显，表面的空气压力迅速降低，而靠近心层的空气压力先增大后降低，总体来说空气压力并不

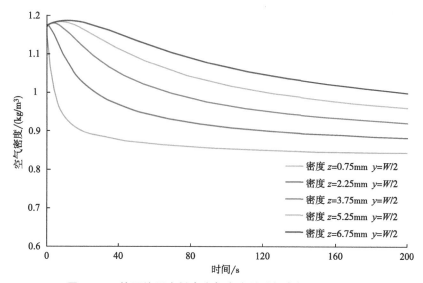

图 2-24　热压绝干木材内空气密度随时间变化（$y=W/2$）

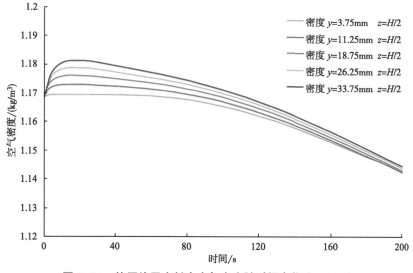

图 2-25　热压绝干木材内空气密度随时间变化（$z=H/2$）

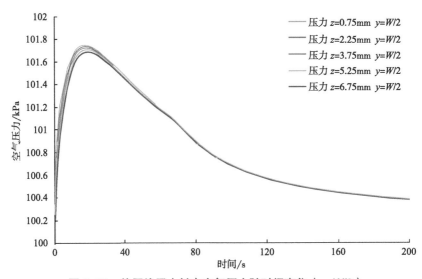

图 2-26　热压绝干木材内空气压力随时间变化（ y=W/2 ）

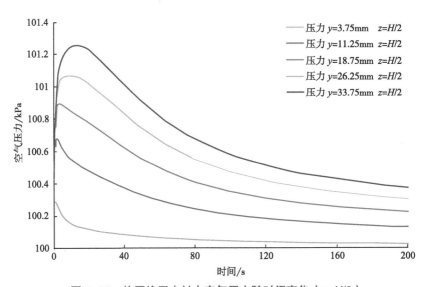

图 2-27　热压绝干木材内空气压力随时间变化（ z=H/2 ）

大，这主要是单侧加热且模拟热压时间只有 200s，木材厚度中心层的温度不高（35.8℃）的原因。

　　模型单侧热压绝干木材内部空气的非等温渗流速度并不大，从能量方程分析热对流对木材传热的总体贡献不足 2%。它对木材内部传热的影响几乎可以忽略，因此一般文献分析木材内部传热时不考虑空气对流的影响是合理的。

2.6.3 热压过程中木材热质耦合迁移

单侧热压木材传热传质的模型只需在 2.6.2 小节中模型的基础上增加木材水分及热压板压缩的因素即可。首先分析热压板加热下（不压缩）木材内部热量传递和水分迁移的规律，假定木材为气干材，含水率为 12%，且内部含水率均匀。根据前期热导率测量结果，气干材热导率比绝干材热导率大，同时考虑温度对热导率的影响（李坚，2014 年），假定每升高 10℃，热导率增加 0.05W/(m·K)，计算得到气干材有效热导率约为 0.22W/(m·K)。假设环境温度和相对湿度分别为 25℃和 70%，将所有物性参数输入模型，然后在 Matlab 上计算得到数值模拟结果。其中，热压气干木材温度随时间变化如图 2-28 所示，离热压板越近，木材温度响应越迅速，$z=0.75$mm 位置的木材温度在加热 4.5s 后便跃迁至 102℃，比绝干木材的热压升温快（约 10s 升至 100℃），同时在数值模拟时间范围内（0 ~ 200s），气干木材的温升曲线相对于绝干木材的温升曲线整体上移，这主要是水分的存在增大了木材的热导率的缘故。图 2-29 ~图 2-32 绘制了不同时刻木材内部温度等高线，可直观看到木材温度的分布和变化，随着时间延长，热板向木材内部的传热越深入。具体来说，在厚度方向上，木材冷端的温度基本维持在室温（水冷温度），热量不断从热端向冷端传递并被冷却水带走；而在宽度方向上，由于本模型假定的对流换热系数较小 [5W/(m²·K)]，环境从木材表面带走的热量有限，因此木材

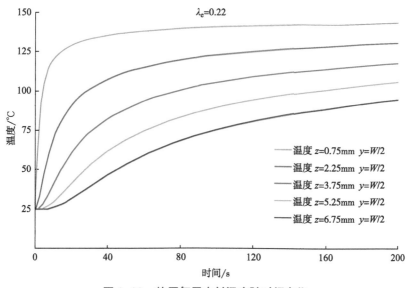

图 2-28 热压气干木材温度随时间变化

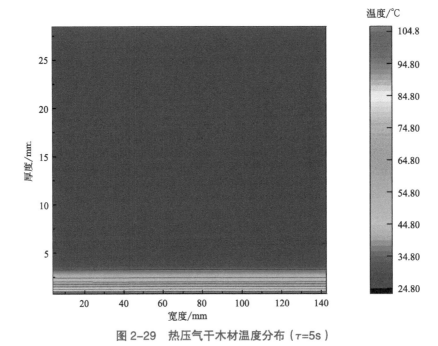

图 2-29　热压气干木材温度分布（τ=5s）

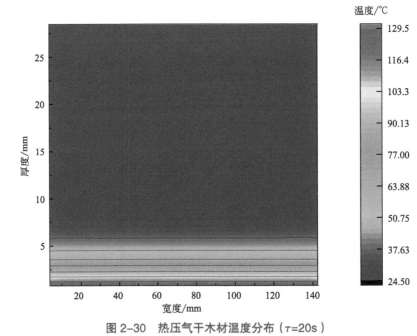

图 2-30　热压气干木材温度分布（τ=20s）

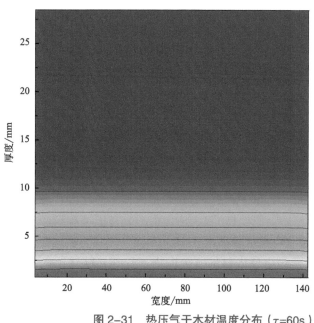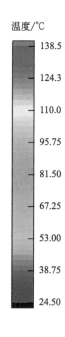

图 2-31　热压气干木材温度分布（τ=60s）

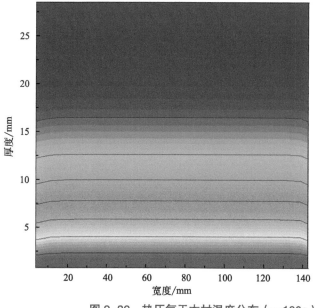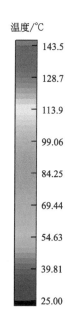

图 2-32　热压气干木材温度分布（τ=180s）

宽度表面的温度仅略低于其中心层的温度。

热压气干木材含水率随时间变化如图 2-33 所示，木材表面的水分受热汽化产生一定量的蒸汽，连同内部空气在气相流体压力差推动下向木材冷端移动。从图 2-33 可以看到，靠近木材表面 z=0.75mm 位置在极短暂的时间内（5s）木材含水率从 12% 降低至 2%，而位于 z=2.25mm 位置的木材含水率则先略有增大后快速降低，确切地证实了蒸汽流从木材表面迁移到该部位使其含水率略有增大的推断。越靠近木材内部，木材含水率下降的趋势越缓慢，主要是因为木材内部温度仍然比较低，气相流体压力没有表面部位的高。图 2-34 ～图 2-37 绘制了木材内部含水率等高线，可直观地看到热压过程木材含水率的分布和变化。本研究假定木材液相水就地蒸发，水分迁移依靠气相流体压力差推动，热压温度越高，木材内部的空气压力和水蒸气压力则越大，越有利于水分的迁移。本模型案例热压温度为 150℃，从含水率分布图可看到，水分迁移的速度相当快，加热 60s 后，木材表面至 z=10mm 位置区域的木材含水率降低至 5%，因此较长时间的预热将使木材的水分向内部迁移，软化层向木材内部移动，此时对木材进行压缩将形成所谓的"层状压缩木"。

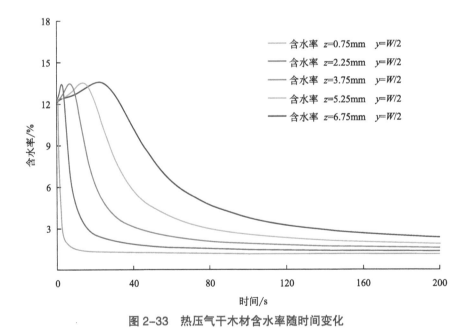

图 2-33　热压气干木材含水率随时间变化

木材的软化主要受其含水率的影响，温度对木材软化的影响不如含水率的影响显著，热压温度越高，水分迁移越快，软化层向木材心层迁移越快，压缩

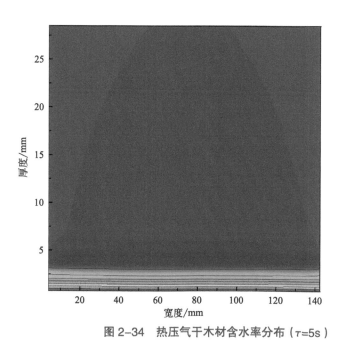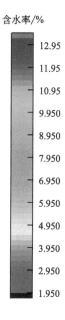

图 2-34　热压气干木材含水率分布（τ=5s）

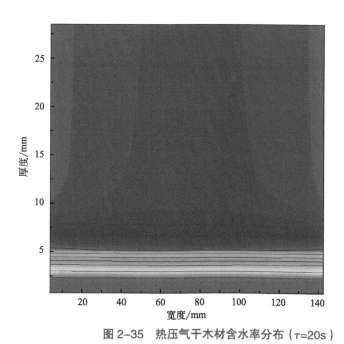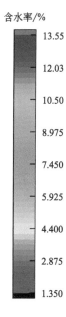

图 2-35　热压气干木材含水率分布（τ=20s）

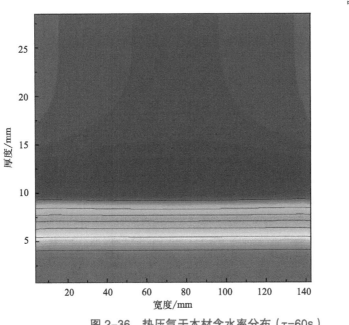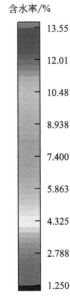

图 2-36　热压气干木材含水率分布（τ=60s）

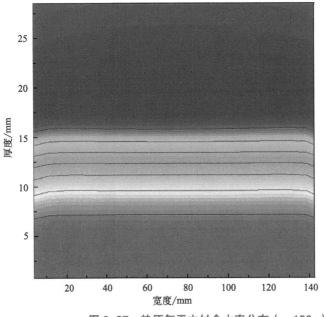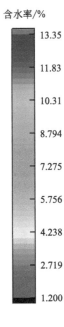

图 2-37　热压气干木材含水率分布（τ=180s）

形成层则越远离木材表面，因此着重控制含水率分布才是控制木材 VDP 形态的关键。

图 2-38 和图 2-39 绘制了气相流体（混合气体）在 τ=20s 时的水平渗流速度和垂直渗流速度等高线，其中水平渗流速度以宽度中心线呈左右对称，速度极值为 41.00×10^{-3}mm/s，大于绝干木材热压过程同时刻的水平渗流速度极值（26.20×10^{-3}mm/s），这主要是液相水汽化形成的水蒸气增加了混合气体的密度和气相流体总压力所致。对比图 2-39 和图 2-23 得知，气干木材垂直渗流速度的"速度极值区"（红色区域）比绝干木材的移动要快，同时其垂直速度极值也较大，气干木材的为 12.30×10^{-3}mm/s，绝干木材的为 7.06×10^{-3}mm/s。气干木材热压过程的混合气体密度和总压力变化趋势与绝干木材热压过程的趋势基本一致，由于液相水蒸发使得水蒸气占比增大，因此密度和流体总压力都分别增大，这里不再具体给出。

继续讨论木材单侧表面压缩的热质迁移的情况，仍然假设木材初含水率为 12%，初始绝干密度为 450kg/m³，断面密度均匀，其 VDP 如图 2-40 所示［取自毛白杨素材 VDP（周桥芳，2021 年）］。木材初始厚度为 30mm，压缩目标厚度为 27mm，压缩量 3mm，理论压缩率为 10%，这里假定加载速度为 10mm/min，计算得到木材压缩时间为 18s。本研究将通过模型计算，得到木

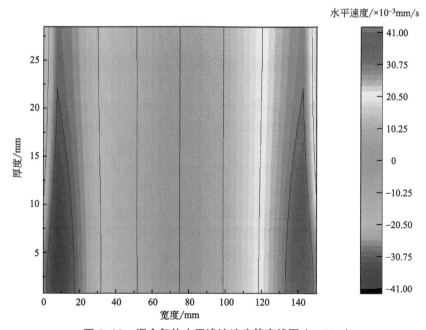

图 2-38　混合气体水平渗流速度等高线图（τ=20s）

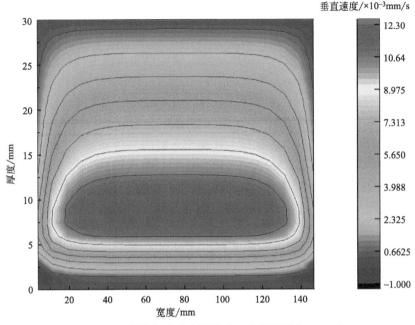

图 2-39　混合气体垂直渗流速度等高线图（τ=20s）

材内部温度和水分的变化及分布。首先，必须确定木材压缩形成过程的 VDP，从而计算固相含量 $\varepsilon_s(z,\tau)$ 的变化及分布。

　　如前述，由于没有耦合力场，因此本书只能结合非压缩条件下热压板加热木材的热质耦合迁移规律设定合理的压缩木 VDP，然后计算压缩过程木材固相含量和热导率，从而将模型求解。因密实层峰值位置与木材含水率迁移相关，由前述热压板加热传热传质模型计算可知，在 z=2.6mm 位置附近将形成密度峰值区，且呈两侧对称，假设峰值密度为 990kg/m³，压缩后木材 VDP 如图 2-40 所示。对木材试样进行单侧表面压缩后，密实层所有的控制单元厚度均相应减小，峰值区向木材热压表面移动，最终结果是在 z=1.1mm 位置处形成峰值密度，未压缩区域木材密度保持不变，压缩后木材试样厚度缩小至 27mm。将木材压缩形成的 VDP 数据输入模型获取网格单元节点位置、界面位置和控制单元厚度等变量，然后计算木材单侧表面压缩过程的温度场和含水率场，主要分析研究压缩过程由于密实层形成对传热传质的影响。

　　木材单侧热压过程内部温度随时间变化曲线如图 2-41 所示，图中显示的是木材未压缩前的位置。对比图 2-28 热压板接触加热木材的温升曲线，木材在热压板压缩过程中表层升温更快，尤其是靠近木材表面的位置，如

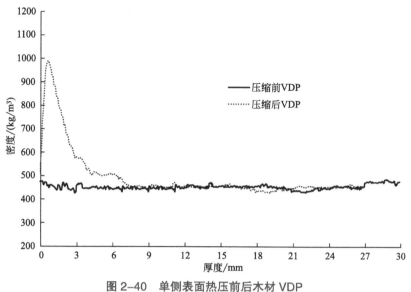

图 2-40 单侧表面热压前后木材 VDP

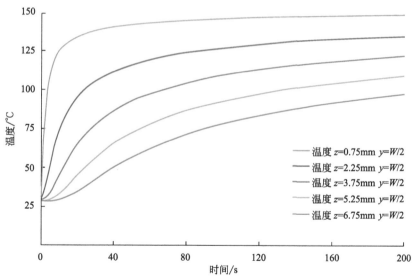

图 2-41 木材单侧热压过程内部温度随时间变化曲线

z=0.75mm 位置处木材温度在 4s 内就跃迁至 100℃，这主要是因为：热压板压紧木材，显著降低了压板与木材之间的接触热阻；木材表层部位被渐次压缩，由于密度增大以致热导率增大，增强了传热效果。Gao 等（2019 年）利用不同的预热时间（0 ～ 600s）双侧热压（180℃）2h 浸水毛白杨木材试样，发现在木材的上下两面各形成一个密实层，随着预热时间的延长，木材的密实层逐渐向心层移动，最后两个密实层合二为一（即在心层形成了一个密实层），表明预热时间可作为唯一变量控制着密实层的位置。热压温度和预热时间是木材热压压缩的两个重要工艺参数，其中预热时间与密实层的位置具有决定关系。从模型的数值模拟结果可以看到，在高温下木材传热效率非常快，因此木材软化层移动速度也很快，即使不设定预热时间，密实层也难以在表面形成，若设定预热时间，木材密实层将更加远离木材表面，这是木材单侧表面压缩所不希望看到的结果，因此本研究不设定预热时间是合理的。另外，加载速度也包含时间因素，加载速度越小，传热时间越长，木材软化层也将向木材内部移动，可见根据传热规律设定合理的加载速度是十分有必要的。

单侧热压木材内部含水率随时间变化曲线如图 2-42 所示。由于传热的增强以及木材压缩引起的尺寸变化，单侧压缩木材表层的水分迁移规律发生了变化，具体来说是水分向木材内部迁移速度增大，尤其是 $z=0.75$mm 位置处的木材含水率迅速降至 6%，次表层 $z=2.25$mm 位置的木材含水率下降速度也显著增大，但从 $z=5.25$mm 位置开始，木材含水率受压缩因素的影响逐渐减弱。木材表层的水分因受热蒸发（当温度超过 100℃时则发生沸腾），蒸汽流逐渐向木材内部迁移，本研究假定蒸汽渗流的驱动力是气相流体压力差，木材在热压时体积骤然缩小，形成了瞬态压力，该压力也将促使蒸汽加快渗流，因此木材

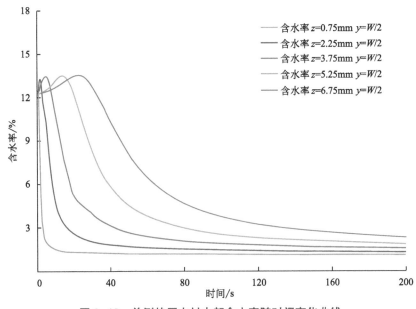

图 2-42 单侧热压木材内部含水率随时间变化曲线

受压部位（表层）的水分迁移速度增大，而非压缩部位则影响较弱。

根据热压板接触加热木材传热传质数学模型计算得到木材温度和含水率的分布，设定合理的木材压缩 VDP，再通过单侧热压木材数学模型计算得到新的温度和含水率的分布，以最新的温度、含水率分布重新改进形成的木材VDP。基于本书案例，由于木材压缩增强传热和水分迁移，木材压缩形成层将向木材心层部位略有偏移，在实际单侧表面压缩木生产中应该把这个因素考虑在内。

2.7 模型验证

为验证模型预测的准确性，可通过开展木材压缩试验，在木材热压过程中利用温度巡检仪检测木材温度、利用电阻检测仪检测木材电阻以测算木材含水率。首先开展绝干木材的双侧热压板接触加热试验，加热时间约为 150min。试验中，500mm（L）×150mm（T）×50mm（R）的杨木试样被双侧加热（150℃），在厚度方向的 z=12.5mm（$H/4$）和 z=25mm（$H/2$）位置分别埋入 K 形热电偶进行测温，该案例的应用背景是木材整体压缩，Tu 等（2014 年）在超低含水率状态下（几乎绝干）整体压缩毛白杨，为获得断面密度均匀的压缩木试样，对木材的传热展开了试验研究。利用本书构建的木材热压热质耦合数学模型（边界条件中单侧加热改为双侧加热即可），计算得到绝干木材热压过程内部温度的变化曲线及木材实际温度变化，如图 2-43 所示。从图 2-43 中可知，基于模型计算的理论温度与实际测量温度几乎一致，模型对绝干木材热压温度的预测十分准确。加热过程中木材次心层（$H/4$）比心层（$H/2$）的温度响应快，两者的最大温差可达 23℃，随着时间推移，在加热至 70min，两者温度趋于一致且接近热压温度 150℃。本试验中，木材初始温度较高，主要是因为木材从低温干燥箱内取出，内部还有残存热量所致，为提高计算精度，模型所用的木材初始温度是实际检测的木材温度值，并非假定木材温度与环境温度一致。

然后开展气干木材单侧表面热压压缩试验。试验中，300mm（L）×150mm（T）×30mm（R）的杨木试样被单侧加热（150℃），加载速度为 10mm/min，压缩结束后保温至 200s。在厚度方向的 z=2mm、3.5mm 和 5mm 位置分别埋入 K 形热电偶进行测温，在离热电偶水平距离为 50mm 位置分别埋入铜棒进行木材顺纹电阻测试，利用含水率测算模型对木材单侧热压过程的含水率进行测算。

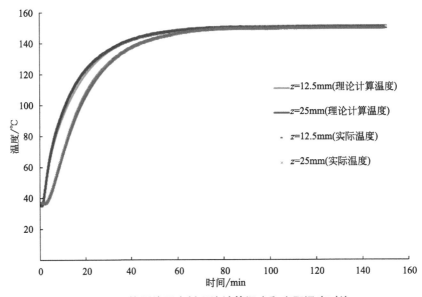

图 2-43　热压绝干木材理论计算温度和实际温度对比

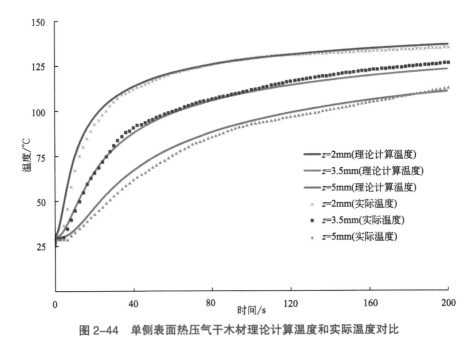

图 2-44　单侧表面热压气干木材理论计算温度和实际温度对比

图 2-44 和图 2-42 是单侧热压木材表层温度和含水率变化曲线，其中为获取不同时刻的木材电阻值以测算木材含水率，需进行多次热压试验，并通过冷

却使木材降温来检测木材电阻。从图 2-44 可知，理论计算的温度值与实测温度值较为吻合，温度偏差在 3℃ 以内，温度预测效果较好。在 $z=5mm$ 位置处，木材预测温度比实际温度高，这可能是模型采用的热导率偏大，可通过适当调整热导率来提高预测精度。而从图 2-45 可知，木材含水率的预测结果一般，比实际含水率值偏低，但预测结果基本反映了木材内部含水率随时间的变化及分布，因吸收热压板的热量，木材表层水分大量蒸发甚至产生沸腾，因此表层含水率迅速降低。本研究模型假定木材内部含水率与温湿度瞬时达到平衡，这可能与实际情况有较大差别，如果能确定木材内部水分的蒸发速率与水分饱和度、微环境湿度的关系，是可以进一步提高模型对含水率的预测精度的。

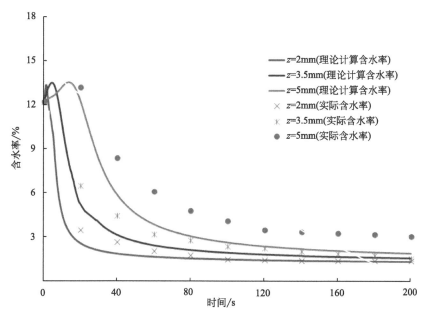

图 2-45 单侧表面热压气干木材理论计算含水率和实际含水率对比

将模型计算的温度和含水率与木材热压试验过程中检测的温度与含水率对比，发现模型对温度的预测是比较准确的，但含水率预测值与实际值偏差较大，这与水分的迁移受到多种驱动的原因有关，需进一步展开研究。

2.8 本章结论

木材单侧热压传热过程是伴随着木材内部水分相变和蒸汽流迁移以及尺寸压缩的复杂过程。蒸汽流作为后退蒸发前沿不断向木材的冷端移动，随着木材压缩的进行将产生厚度方向的形变，这给模型的构建增加了不少难度。为此，本章首先对木材传热传质的物理过程进行描述，然后引入 7 项合理的假定，基于质量、动量和能量守恒定律及多孔介质"多场 - 相变 - 扩散"理论，同时实际考虑到木材这类多孔材料吸湿 - 解吸平衡的特点，完整构建了描述木材热压过程热质耦合迁移的数学模型，并给出了界定该问题的单值性条件。应用数值求解的方法对木材单侧表面热压过程的传热传质模型进行求解，由简入繁地分析了绝干木材等温渗流和非等温渗流、含水分木材的热压板接触加热和单侧表面热压的温度场、含水率场、气相流体密度场和压力场等变化。并通过试验验证了模型的准确性，发现模型对温度的预测是比较准确的，但含水率预测值与实际值偏差较大，这与水分的迁移受到多种驱动的原因有关。本章主要研究结论如下。

① 本研究单侧表层压缩木的含水率在 15% 以内，全部为结合水，其含量较少，因此假定液相水就地蒸发，不发生扩散和渗流；混合气体（空气和水蒸气）渗流过程为层流，其运动方程由达西定律支配。依据 Thoemen 对木材平衡含水率的研究结果，将木材从常温至高温（160℃）范围平衡含水率的计算公式进行拟合，获取了更为精确和适用本研究的木材平衡含水率计算模型，为木材压缩热质迁移模型的求解提供了依据。给出了模型的单值性条件，其中热压板接触面为绝湿面，混合气体的边界速度为零；木材侧面与环境发生对流换热和换湿，混合气体的边界压力为外界压力。

② 对模型的控制方程进行离散，其中对流项采用 SGSD 格式保证了稳定性，压力和速度采用交错网格，渗流速度离散在压力单元的边界上，有效避免了压力 - 速度的失耦现象；对温度、含水率、压力等单元增设了边界节点，将所有计算单元转化为内节点，有效提高了编程效率，节省了计算时间。

③ 木材渗透率和尺寸是影响内部流体运动的重要因素，渗透率越大、木材尺寸越小，渗流速度越大，压力传递越快，本研究计算的流体渗流速度很低，木材内部流体属于层流，因此达西定律适用。开展了木材热压试验验证，模型的温度预测值与实际测量值非常吻合，偏差低于 2℃；木材含水率预测值与实际测量值有一定偏差，可能与水分的迁移受多种驱动有关，同时引入的物性参数还需进行优化才能提高模型精度。

| 第 3 章 |

单侧表层压缩木材制造技术

3.1 单侧表层压缩木材的压缩层结构设计

木材是一种黏弹性的多孔结构材料，丰富的孔隙结构表明木材存在可压缩的空间。可根据压缩木材的使用场合和力学性能指标要求对其密实层位置和厚度进行定制化，以期满足特定的使用要求，从而拓宽压缩木材的应用领域。针对木材单侧表层压缩处理技术而言，木材经过单侧表层压缩处理，其组织构造发生了显著的变化，而结构的变化对木材的物理力学性能具有显著的影响作用。已有研究案例表明单侧表层压缩木材的表面硬度与木材表面密实层的厚度呈现正相关关系，具体表现在随着密实层厚度的增大，压缩层侧的表面硬度呈现出线性增大的变化趋势；此外，单侧表层压缩木材的密实层位置对其表面硬度也具有显著的影响作用，在密实层靠近压缩层侧表面时，压缩木材具有较大的表面硬度值，而当密实层远离压缩层侧表面时，其表面硬度呈现出明显的下降趋势。因此，针对单侧表层压缩木材的自身结构属性，并结合压缩木材的力学性能指标要求，合理设计和优化压缩层的结构，可有效拓宽单侧表层压缩木材的应用范围。

为实现单侧表层压缩木材压缩层结构的定制化，需要探明压缩木材的密实层形成条件。在木材的非对称热压过程中，木材的软化区域呈现出明显的非对称性，具体表现在：与热平板接触一面，木材在热 - 湿的共同作用下发生了软化，而与冷平板接触的一面仍然保持木材原有的结构刚度特性，导致木材经过压缩后形成非对称的结构属性，表明木材在压缩过程中其内部的水分和温度分布对于密实层形成位置具有显著的影响作用。木材在热压过程中，其内部的结合水扩散对水分迁移的贡献非常小，起主导作用的是气相流体压力差驱动的水蒸气渗流，且随着热压温度的升高，木材内部水蒸气分压增大，渗流效应明显增强。在水蒸气从热端向冷端渗流的过程中，后退蒸发前沿不断从木材表层向心层移动，伴随着遇冷凝结 - 受热蒸发过程产生的相变促进了木材内部的传热。因此，在压缩木材的密实层位置和厚度设计中应综合考虑木材在热压过程中水分和温度的分布规律。

　　木材经过单侧表层压缩处理，其管胞（木纤维）腔体和细胞壁发生了形变，宏观上木材呈现出明显的层次结构特性（如沿木材压缩方向将其划分为密实层和未压缩层），微观上木材密实层原有的大部分孔隙结构塌陷形成密实的结构（图 3-1）。在现有的表征测试仪器中，剖面密度测量仪可从宏观上定量化表征单侧表层压缩木材的剖面密度分布，获取密实层位置、厚度和密度分布等关键参数信息。在本书中，主要依据单侧表层压缩木材的剖面密度分布对其密实层的位置、厚度和密度分布进行设计，为压缩木材制备工艺参数的制定提供参考。如图 3-2 所示，首先根据单侧表层压缩木材的应用要求确定密实层的最低密度值（$\rho_{\min}$），再将密实区域分为低密度密实层（Ⅰ）、有效密实层（Ⅱ）、过渡密实层（Ⅲ）及未压缩层（Ⅳ），其中密实层的位置、厚度和密度分布对单侧表层压缩木材的力学性能起决定性作用，是单侧表层压缩木材生产控制的关键。

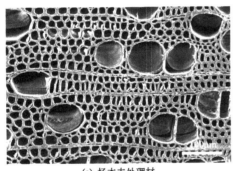 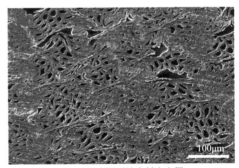

(a) 杨木未处理材　　　　　　　(b) 单侧表层压缩木材密实层

图 3-1　杨木未处理材（a）和单侧表层压缩木材密实层（b）的微观结构

　　如图 3-2（a）所示，宽单峰型密度分布的典型特征是有效密实层的厚度（DLT）较大且密度分布曲线（D_{d}）较平缓。在密实层朝上或者朝下的弯曲性能测试中，单侧表层压缩木材的密实层由于具有较大的有效密实层厚度，其能承受较大的压缩应力或拉伸应力而不破坏，表现出优异的弯曲性能。此外，随着有效密实层厚度的增大其表面硬度值亦显著增大，表明有效密实层在抵抗弹性变形、塑性变形及破坏方面具有显著的贡献作用。如图 3-2（b）所示为尖

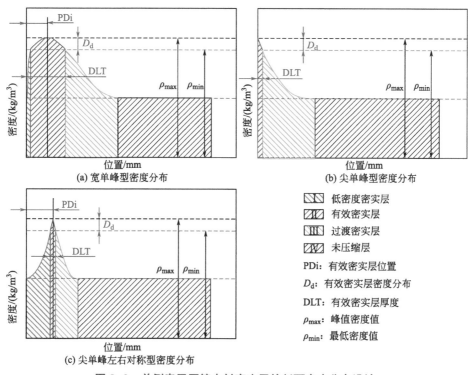

图3-2　单侧表层压缩木材密实层的剖面密度分布设计

单峰型密度分布，其特征是有效密实层贴近木材压缩侧表面，厚度小且密度分布陡峭。由于有效密实层贴近木材表面，其能抵抗较大程度的压缩应力或者拉伸应力，但是有效密实层厚度较小，因此其抗弯强度、抗弯弹性模量和表面硬度低于宽峰型密度分布的单侧表层压缩木材。如图3-2（c）所示为尖单峰左右对称型密度分布，其特征是有效密实层远离木材压缩侧表面，厚度小且密度分布陡峭，密度分布以峰值密度为轴线呈左右对称分布。由于有效密实层远离木材表面，其抗弯强度、抗弯弹性模量和表面硬度低于尖单峰型密度分布的单侧表层压缩木材。

3.2　单侧表层压缩木材制造工艺

3.2.1　木材压缩前的含水率控制

木材内部的水分分布对压缩木材密实层位置和厚度具有显著的影响作用。在木材单侧表层热压过程中，木材表面的水分受热汽化产生一定量的蒸汽，连同内部空气在气相流体压力差的推动下向木材冷端迁移。更具体地，在热压初期（预热阶段），距离木材待压缩表面大约 2.25mm 位置处木材含水率呈现出先略有增大后快速降低的变化趋势，证实了蒸汽流从木材表面迁移到该部位使其含水率略有增大的推断。越靠近木材内部，木材含水率下降的趋势越缓慢，主要是因为木材内部温度仍然比较低，气相流体压力低于木材表面部位。而木材的软化主要受其含水率的影响，温度对木材软化的影响不如含水率的影响显著，热压温度越高，水分迁移越快，软化层向木材中间层迁移越快，压缩层则远离木材表面，表明控制含水率分布是控制压缩木材有效密实层位置和厚度的关键。因此，针对单侧表层压缩木材的不同密实层结构设计要求，应合理调控木材的含水率，以获得理想的密实层剖面密度分布曲线。

（1）低含水率调控工艺

本书所指的低含水率为 0 ～ 8%，在此含水率范围，木材表层由于具有较低的含水率，木材在热压时其表层形成较小的水蒸气分压力，在短时间压缩的条件下木材的次表层和芯层未受到任何影响。因此，木材的软化和有效密实层位置主要集中在表层，有助于实现尖单峰型密度分布。具体的含水率调控工艺：准备气干的木材，其含水率在 12% 左右；将木材放置于干燥设备中，依据目标含水率要求选用合适的干燥温度对木材进行干燥处理，干燥温度和木材目标含水率的对应关系如表 3-1 所示；木材干燥至目标含水率后，将木材放在平衡房中，平衡房的湿度控制在 30% ～ 40%，防止陈放过程中木材吸湿。

表 3-1　木材干燥温度和木材目标含水率的对应关系

项目	干燥温度 /℃				
	55	65	75	85	105
木材目标含水率 /%	8	6	4	2	0
干燥时间 /h	24	24	24	24	24

注：干燥时间受树种和木材规格尺寸的影响，可适当延长或缩短干燥时间。

（2）中等含水率调控

本书所指的中等含水率为 9% ～ 18%。在此含水率范围，木材表面接触热压板导致木材表面层积聚较大的水蒸气压力，在蒸汽压力的驱动下木材表层水分向木材心层迁移，在短时间压缩的条件下木材表层和次表层含水率较高，容易被软化压缩。因此，木材的软化和有效密实层位置主要集中在木材的表层和次表层，有利于实现宽单峰型密度分布。具体的含水率调控工艺：准备气干木材，其含水率在 12% 左右；针对木材目标含水率小于 12% 的情况，将木材放置于干燥设备中，在干燥温度为 50℃和干燥时间为 24h 的条件下进行干燥处理，木材目标含水率控制在 9%～10%；针对木材目标含水率大于 12% 的情况，将木材试样放置在平衡房中，干球温度设置为 30℃，相对湿度设定为 75%～95%，木材含水率调控在 13%～18%。

（3）高含水率调控

本书所指的高含水率为 19%～30%。在此含水率范围，木材表面接触热压板导致木材表面层积聚较大的水蒸气压力，在蒸汽压力的驱动下木材表层水分迅速向木材芯层迁移，在短时间压缩的条件下木材次表层含水率较高，容易被软化压缩；另外，在延长热压时间的条件下，木材心层相对于表层具有较高的含水率，密实层位置远离木材表层。因此，木材的软化和密实层位置主要集中在次表层和接近心层的位置，有利于实现尖单峰左右对称型密度分布。具体的含水率调控工艺：准备气干木材，其含水率在 12% 左右；将木材进行泡水处理，直至木材的含水率大于 30%；将木材试样放置在平衡房中进行平衡处理，干球温度设置为 30℃，相对湿度设定为 90%～100%，将木材平衡至目标含水率 19%～30%。

3.2.2 木材软化层控制

木材软化层位置主要受到木材含水率和温度分布的影响。在 3.2.1 小节中已经确定了木材压缩前含水率的调控方法，本小节主要阐明木材内部的温度分布调控方法，进而实现软化层位置的控制。在木材单侧表层压缩过程中，主要通过控制木材含水率、热压温度和预热时间实现软化层位置控制的目的。在低含水率的情况下，提高热压温度和延长预热时间有利于木材的次表层和心层软化，软化层位置主要集中在次表层；较高的热压温度和短时的预热时间有利于木材表面层的软化，因此软化层位于木材的表面层。文献研究表明，以 100℃、150℃、200℃的热压温度对木材进行单侧表层压缩处理，压缩木材的峰值密度更接近被压缩侧表面，表明随着热压温度的提高，木材的软化层主要集中在表面层位置。在中等含水率的情况下，提高热压温度和延长预热时间导致木材的次表层和心层大部分区域得到充分的软化，软化层集中在木材的芯层位置；较高的热压温度和短时的预热时间可促使木材的表层和次表层得到充分的软化，软化层集中分布在表层和次表层位置。在高含水率的情况下，提高热压温度和延长预热时间，有利于促使木材表层的水分向心层迁移，导致木材的心层相对于表层具有较高的含水率，含水率较高的心层更容易被软化而压缩，而木材的表层由于具有较低的含水率，结构刚性显著增大，不易被压缩密实化，因此单侧表层压缩木材的密实层呈现出尖单峰左右对称型的密度分布。

3.2.3　木材表面压缩成型

在合理控制木材软化层位置的前提下，只需给定合理的热压压力即可实现木材的表面压缩成型。然而，从木材热压过程的热质耦合迁移数值模型可以看到，在高温的作用下木材传热效率非常快，木材软化层向芯层的移动速度非常快，很难实现密实层的精准控制。为获得理想的密实层位置和厚度，加载速度或者热压压力控制也是关键因素。因为，加载速度也包含时间因素，加载速度越小，传热时间则越长，木材软化层将向芯层移动。因此，合理控制木材压缩的加载速度是实现密实层位置、厚度和密度分布控制的关键。在低速加载作用下，木材表面层的孔隙结构因受压而缩小，其内部的水蒸气分压压力增大，该压力将促使蒸汽向木材心层渗流，木材的次表层也得到同步的软化，有利于实现尖单峰左右对称型的密度分布；在中等的加载速度作用下，木材的软化和压缩几乎同时发生，有助于获得宽单峰型密度分布；在高速加载作用下，由于木材表面层的孔隙结构迅速闭合，其内部的水蒸气分压压力增大，但是时间短，水蒸气未能有效向木材的次表层渗流，导致木材密实层的形成主要集中在木材的表面层，形成尖单峰型密度分布。

3.2.4　压缩层固定

木材经过单侧表层压缩处理后，压缩层内部存在残余压缩应力，如若在压缩应力没有释放的情况下解除压缩荷载，极易造成压缩层形变的恢复。虽然制得的压缩木材在低湿度的环境中会保持较高的稳定性，但在湿热交替变化的环境条件下，压缩木材会发生部分或者全部回弹。因此，在单侧表层压缩木材的制备中，需要对压缩层进行固定处理。目前，固定压缩木材形变的方法主要包括物理定型法和化学定型法。物理定型法是在没有外来化学物质添加的条件下，仅依靠热湿的作用，促使木材的细胞壁化学组分发生软化及部分半纤维素的热降解，半纤维素和纤维素分子链段之间相互靠近形成新的氢键结合，实现细胞壁的定型；而部分半纤维的热降解亦可导致木质素和纤维素之间的连接得到松弛，促使压缩应力释放，实现细胞腔变形的定型。依据加热介质不同，物理定型法可分为热压板定型法、高温热处理定型法、高温高压蒸汽定型法和高频、微波加热定型法。本书以热压板定型法和高温热处理定型法为案例进行介绍。热压板定型法主要是采用热平板接触式传热的方式对木材的表面层进行热改性处理，由于接触式导热效率高，热损耗低，处理时间短，逐渐被应用于木材的热改性。木材经过接触式高温热处理，其吸湿性显著下降，尺寸稳定性能提高，且力学性能损失小。针对单侧表层压缩木材，采用接触式高温改性处理具有显著的优势，如仅针对木材的表面层进行处理，在木材表面形成低吸湿性的炭层，从而降低木材的吸湿回弹和压缩残余应力，压缩木材的尺寸稳定性得到显著性提高。压缩木材的热接触式高温热处理的控制工艺参数是热处理温度和时间，提高热处理温度和延长处理时间有助于木材表面层的细胞壁基质的热降解，从而降低木材的亲水性且有利于压缩层的残余应力释放。然而，压缩木材可能存在严重的力学性能损失。因此，需要合理设定木材的高温热处理温度和时间，以获得优异的尺寸稳定性能且具有较低的力学性能损失。

3.2.5　冷却定型

冷却定型是单侧表层压缩木材制备的关键工序。在高温的作用下木材具有一定的黏弹特性，且木材的孔隙内存在水蒸气分压压力，如若未能冷却直接将木材从热压机中取出，压缩木材会产生很大的瞬时回弹，存在鼓泡和开裂的缺陷。随着热压温度的升高，压缩木材的瞬时回弹显著增大，直接影响压缩木材的质量。因此，在木材热压后期或者热接触式高温热处理的后期都需要进行冷却处理，以降低压缩木材的瞬时回弹。在压缩木材的实际生产中，一般采用冷却循环水的方式对压缩木材进行原位冷却定型处理，在冷却过程中木材内部的温度逐渐降低，其孔隙内部的水蒸气冷凝，水蒸气压力降低，同时木材从高温状态下的黏弹态恢复至压缩前的玻璃态，压缩形变得到有效固定。此外，冷却处理有助于消除由木材高温压缩产生的热应力，木材的尺寸稳定性得到提高。

3.3　单侧表层压缩木材制备案例

3.3.1　实验材料与制备方法

（1）实验材料

毛白杨（*Populus tomentosa* Carr.），采伐于河南省周口市。板材的尺寸规格为 350mm×120mm×25mm（纵向 × 径向 × 弦向），气干密度为 480 ～ 500kg/m³，无明显可见缺陷。一共准备 9 组板材试件，其中 8 组试件用于制备单侧表层压缩木材，1 组为未处理材，作为对照组，未进行任何处理，每组试件有 6 块重复的板材试样。将所有木材试样放置于温度为 20℃、相对湿度为 65% 的恒温恒湿箱中进行平衡处理，调控木材试样的含水率至 12% 左右待用。

（2）单侧表层压缩木材制备案例 1

非对称结构单侧表层压缩木制备流程示意如图 3-3 所示，具体的实验步

木材压缩技术 ■ ■ ■ ■ ■

骤如下。第一步：将热压机的上热平板目标温度设定为150℃，下热平板目标温度保留在室温，即25℃。第二步：在热压机的上热平板温度达到实际设定的目标温度后，将试件置于下热平板上，并在试件两侧各放置一块20mm厚的厚度规，以控制单侧表层压缩木的目标厚度，理论压缩比为20%。第三步：在非对称加热热压过程中，木材试样的预压缩表面与上热平板直接接触。依据表3-2所示的热压工艺参数，通过控制预热时间（Preheating Time，PT）和闭合时间（Closing Time，CT）制得不同结构特征的单侧表层压缩木材。第四步：将试件压缩至目标厚度后，在热压机的单位压力为3MPa、上热平板温度为150℃的条件下保温保压1min，实现密实层的瞬时回弹固定。第五步：在卸压取样前，采用冷却水降温的方式将热压机的上热平板温度冷却至40℃，冷却时间为10min左右。第六步：在测试单侧表层压缩木的性能之前，将所有的压缩木试样放置在温度为20℃、相对湿度为65%的恒温恒湿箱中进行平衡处理，平衡时间至少4周。

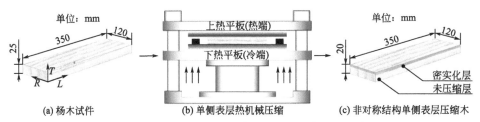

(a) 杨木试件　　　　(b) 单侧表层热机械压缩　　　　(c) 非对称结构单侧表层压缩木

图3-3　非对称结构单侧表层压缩木制备流程示意

表3-2　制备单侧表层压缩木材的热压工艺参数

预热阶段	压缩阶段		
预热时间 PT/s	闭合时间 CT/s	上热平板温度 /℃	下热平板温度 /℃
0, 30	10, 60, 120, 240	150	25

第七步：热压板定型，采用单侧表层压缩木优化工艺（预热0s、闭合时间240s，上热平板温度150℃、下热平板温度25℃）制备单侧表层压缩木后，采用如表3-3所示的工艺参数进行热压板定型。

表3-3　单侧表层压缩木的表层高温热处理工艺参数

上下热平板温度 /℃	热处理时间 /min	板面单位压力 /MPa
200, 220	10, 15, 20, 25, 30	0.13

070

（3）单侧表层压缩木材制备案例 2

为评价单侧表层压缩木材的机械加工性能，本案例在案例 1 优化热压工艺参数的基础上制定了如表 3-4 所示的热压工艺参数，并对木材进行单侧压缩表层处理。在做机械加工性能测试前，为有效控制单侧表层压缩木材的变形回弹，防止回弹对机械加工性能的影响，本案例增加了后高温热处理工序，即采用常压过热蒸汽作为传热介质和保护气体对单侧表层压缩木材进行热处理。对热处理后单侧表层压缩木材、炭化材及未处理材的机械加工性能和涂饰性能进行评价。

表 3–4　制备单侧表层压缩木材的热压工艺参数

预热阶段 预热时间 /s	压缩阶段				
	压缩速度 / (mm/s)	保压时间 /min	压力 /MPa	上板温度 /℃	冷却时间 /min
30	2	10	5	150	20

高温热处理工艺参数如下。

① 干燥阶段：窑内干球温度从 30℃升至 120℃，升温速率为 30℃ /h（每 30min 升温 15℃），升温过程保证干、湿球温差为 15 ～ 20℃。

② 调湿阶段：湿球温度快速升温至 100℃。

③ 升温阶段：以 30℃ /h（每 30min 升温 15℃）的升温速率，将干球温度升至目标温度 170℃。

④ 保温阶段：保证干球温度等于目标温度，湿球温度等于 100℃，保温处理 2h。

⑤ 降温阶段：保温阶段结束后，停止加热，风机继续运转，保持湿球温度等于 100℃，喷冷却水降温至 100℃，降温速率 4℃ /h。

⑥ 冷却阶段：待木材自然冷却至 60℃，开窑取板，进行后续操作。

3.3.2　单侧表层压缩木材性能表征

（1）物理性能

尺寸稳定性和平衡含水率测试：将未处理材试件和单侧表层压缩木试件加工成尺寸规格为 20mm×20mm×20mm 的小方块标准试件，而后将所有标准试件放置于温度为 103℃的电热鼓风干燥箱中进行干燥处理，直至试件的质量和尺寸恒定。对所有的绝干试件的质量和压缩方向上的厚度尺寸进行测量，测量精度分别为 0.001g 和 0.001mm。然后，将试件放在温度为 20℃、相对湿度为 65% 的恒温恒湿箱中进行平衡处理，每间隔 24h 检测试件的质量和压缩方向上的厚度尺寸，直至达到吸湿平衡，即完成一个干湿循环测试。一共进行三次干湿循环测试，每次干湿循环测试结束，依据式（3-1）计算试件的平衡含水率（Equilibrium Moisture Content，EMC），依据式（3-2）计算压缩木试件的弹性恢复率（Set Recovery，SR），并依据式（3-3）计算试件在吸湿过程中的厚度膨胀率（Thickness Swelling，TS）。

$$EMC = \frac{M_1 - M_0}{M_0} \times 100\% \qquad (3-1)$$

$$SR = \frac{T_r - T_c}{T_0 - T_c} \times 100\% \qquad (3-2)$$

$$TS = \frac{T_i - T_c}{T_c} \times 100\% \qquad (3-3)$$

式中，M_1 代表每次吸湿平衡试件的质量，g；M_0 代表木材试件的绝干质量，g；T_r 代表每次干湿循环测试结束木材试件的绝干厚度，mm；T_c 代表木材单侧表层压缩后的绝干厚度，mm；T_0 代表木材试件在压缩前的绝干厚度，mm；T_i 代表木材试件在吸湿过程中每间隔 24h 步长测试的实时厚度，mm。

VDP 曲线测量：用 X 射线剖面密度测定仪测定未处理材和单侧表层压缩木试样的剖面密度分布，X 射线沿木材厚度方向的扫描步长为 0.05mm。用于 VDP 测试的试样的尺寸规格为 50mm×50mm（纵向 × 径向）。利用式（3-4）并结合 VDP 曲线测量数据计算单侧表层压缩木的局部压缩比（Local Compressed Ratio，LCR）。

$$LCR = \frac{t_c - t_{IV}}{t_0 - t_{IV}} \times 100\% \qquad (3-4)$$

式中，t_c 代表木材试件压缩后沿压缩方向的厚度，mm；t_{IV} 代表未压缩层的厚度，mm；t_0 代表木材试件压缩前的初始厚度，mm。

（2）力学性能

表面硬度测试：依据木材硬度测试标准 ISO 13061-12：2017 所提供的测试方法，采用万能力学试验机测试未处理材试样和单侧表层压缩木试样的表面硬度。在力学试验机上安装一个直径为 11.28mm 的半球形钢压头，在测试过程中压头以恒定 4mm/min 的速度压进距离木材表面深度 2.82mm 的位置，而后记录下最大力（F）。依据式（3-5）计算未处理材试样和单侧表层压缩木试样的表面硬度值（H_w），并依据式（3-6）将其换算成含水率为 12% 条件下对应的表面硬度值（H_{12}）。

$$H_w = KF \qquad (3-5)$$

$$H_{12}=H_W[1+0.03(W-12)] \qquad (3-6)$$

式中，H_W 表示木材试样在含水率为 W 条件（W 表示木材的含水率）下对应的表面硬度值，N；F 表示最大力，N；K 表示压头位移为 2.82mm 时对应的转换系数，$K=4/3$；H_{12} 表示木材试样在含水率为 12% 的条件下对应的表面硬度值，N。

落球冲击测试：依据人造板理化性能测试标准 GB/T 17657—2013 所提供的测试方法，采用落球冲击试验机测定未处理材试样和单侧表层压缩木试样的抗落球冲击性能。所选用的钢球的质量和直径分别为 320.58g 和 42.8mm。在测试过程中，将钢球固定于距离木材试样上表面 50cm 的位置处，随后释放钢球，使其自由落体冲击木材试样的上表面。在冲击试验测试结束后，通过测定木材上表面的压痕直径，评价木材试样的抗落球冲击性能。

弯曲性能测试：利用万能力学试验机对未处理材试件和单侧表层压缩木试件的弯曲性能进行测试。依据弯曲试验测试方法的不同，分别评定单侧表层压缩木密实层朝上（Dense Layer Upward，DLU）和密实层朝下（Dense Layer Downward，DLD）的弯曲性能。依据木材抗弯强度测试标准 ISO 13061-3：2014 所提供的测试方法，采用三点弯曲测试模式测定木材试件的 MOR 值，测试条件如下：木材试件下方的两个支撑辊的跨距为 240mm，上方压辊以恒定 10mm/min 的速度在试样中间施加压力，测试结束后记录最大力及变形量。对于木材试件的抗弯弹性模量评定，依据测试标准 ISO 13061-4：2014 所提供的测试方法测定木材试件的 MOE 值，测试条件如下：木材试件下方的两个支撑辊的跨距为 240mm，上方压辊以恒定 5mm/min 的速度在试样中间施加压力，测试结束，记录最大力及变形量。

（3）微观结构特性

利用场发射扫描电子显微镜观察单侧表层压缩木的密实层和未压缩层的细胞壁的微观形貌。在测试之前，使用剃须刀片在单侧表层压缩木的横截面上切割制样，所制备的样品的尺寸规格为 4mm×4mm×3mm（弦向 × 径向 × 纵向）。样品制备完成后，将试样放置在喷金仪器中进行镀金处理，喷金时间为 300s。而后，利用场发射电子扫描显微镜观察木材样品的细胞壁的微观形貌。

（4）表层热处理压缩木水分吸附行为测试

分层平衡含水率测定：将对照材试样和表层热处理材试样锯切成尺寸规格为 20mm×20mm×20mm 的标准试样，将木材试样沿压缩方向锯切成三层，分别为密实热处理层、芯层和未压缩热处理层，每一层对应的厚度为 6mm，每层各有 8 个重复样品。将分层试样置于 103℃的电热鼓风干燥箱中进行绝干处理，而后测定试样的绝干质量，记为 m_0（g）；将经过绝干处理的试样置于温度为 20℃、相对湿度为 65% 的恒温恒湿箱中进行吸湿平衡处理，直至试样的质量恒定。而后测定试样的吸湿平衡质量，记为 m_1（g）。依据式（3-7）计算分层试样的吸湿平衡含水率（EMC）。

$$EMC = \frac{m_1 - m_0}{m_0} \times 100\% \qquad (3-7)$$

木材动态水分等温吸湿和解吸测试：将对照材试样和表层热处理材试样沿压缩方向锯切成三层，分别为密实热处理层、心层和未压缩热处理层。采用小型带锯机将各层试样加工成厚度尺寸为 1～2mm 的小型薄木片，经称量取 28～40mg 的薄木片用于木材动态水分等温吸湿和解吸测试。测试程序如下：测试温度恒定在 25℃，相对湿度为 0～90%，吸湿和解吸过程中的相对湿度步长为 10%。重复测试 3 次，取其平均值。依据试样的吸湿平衡含水率和解吸平衡含水率测试结果，并结合式（3-8）计算木材试样的吸湿滞后系数 X_{HC}（黄彦快等，2014 年）。

$$X_{HC} = \frac{W_{ad}}{W_{dc}} \qquad (3-8)$$

式中，X_{HC} 表示木材试样的吸湿滞后系数；W_{ad} 表示木材试样的吸湿平衡含水率，%；W_{dc} 表示木材试样的解吸平衡含水率，%。

（5）表层热处理压缩木的尺寸稳定性测试

吸水厚度膨胀率和回弹率测定：将木材试样加工成尺寸规格为 20mm×20mm×20mm 的标准试样，每组试样有 8 个重复样品。将所有样品置于 103℃ 的电热鼓风干燥箱中进行绝干处理，测量绝干样品沿压缩方向的厚度，测量精度为 0.001mm。将所有试样浸泡于 20℃ 的去离子水中，每间隔 24h 测定木材试样的吸水厚度直至达到恒定。依据式（3-9）计算木材试样的吸水厚度膨胀率（TS$_w$）。在木材试样吸水饱和后，木材厚度恒定时，将样品取出烘至绝干，测定绝干样品的厚度，依据式（3-10）计算木材试样的吸水回弹率（SR$_w$）。

$$TS_w = \frac{T_i - T_c}{T_c} \times 100\% \qquad (3-9)$$

$$SR_w = \frac{T_r - T_c}{T_0 - T_c} \times 100\% \qquad (3-10)$$

式中，T_i 表示木材试件在吸水过程中每间隔 24h 步长测试的厚度，mm；T_c 表示绝干样品的厚度，mm；T_r 表示木材试件吸水回弹后烘至绝干的厚度，

mm；T_0 表示木材试样在压缩密实化前的绝干厚度，mm。

吸湿厚度膨胀率测定：将木材试样加工成尺寸规格为 20mm×20mm× 20mm 的标准试样，每组试样有 8 个重复样品。将所有样品置于 103℃的电热鼓风干燥箱中进行绝干处理直至恒重，测定绝干样品沿压缩方向的厚度，测量精度为 0.001mm。而后将试样放置于温度为 45℃、相对湿度为 90% 的恒温恒湿箱中，每间隔 24h 测定木材试样的厚度直至达到恒定。依据式（3-11）计算木材试样的吸湿厚度膨胀率（TS_s）。在试样吸湿至尺寸恒定后，将试样取出，并将试样置于 103℃的电热鼓风干燥箱中烘至绝干，测定绝干样品的厚度，依据式（3-12）计算木材试样的吸湿回弹率（SR_s）。

$$TS_s = \frac{t_i - t_c}{t_c} \times 100\% \qquad (3\text{-}11)$$

$$SR_s = \frac{t_r - t_c}{t_0 - t_c} \times 100\% \qquad (3\text{-}12)$$

式中，t_i 表示木材试件在吸湿过程中每间隔 24h 步长测试的厚度，mm；t_c 表示木材样品的绝干厚度，mm；t_r 表示木材试件吸湿回弹后烘至绝干的厚度，mm；t_0 表示木材试样在压缩密实化前的绝干厚度，mm。

（6）表层热处理压缩木的瓦弯度测试

将木材试样加工成尺寸规格为 100mm×20mm×10mm（径向 × 弦向 × 纵向）的标准试样，每组试样有 5 个重复样品。将所有样品置于 103℃的电热鼓风干燥箱中烘至绝干，测定绝干样品的质量。将绝干样品放置于温度为 45℃、相对湿度为 90% 的恒温恒湿箱中，每间隔 24h 测定木材试样的质量直至达到恒定。根据图 3-16（a）所示，测定木材试样的拱高 h（mm）和内曲面长 L（mm），依据式（3-13）计算木材试样的瓦弯度（W）。

$$W = \frac{h}{L} \times 100\% \qquad (3\text{-}13)$$

式中，W 表示木材试样的瓦弯度，%；h 表示木材试样的拱高，mm；L 表示木材试样的内曲面长，mm。

（7）数据处理及统计分析

利用 SPSS 软件，采用 Duncan 多重比较分析方法检验木材试件的表面硬度、落球冲击试验、MOR 和 MOE 数据的组间差异显著性，显著性水平 p < 0.05。显著性检验结果以小写字母的形式标注在相对应的图表上，相同的小写字母注释则表示处理组之间无显著性差异。

（8）机械加工性能

参照国家林业行业标准《锯材机械加工性能评价方法》（LY/T 2054—2012）（中国木材标准化技术委员会，2012 年）对炭化后的杨木单侧表层压缩材及杨木未处理材的刨切、砂光、钻孔、铣削、开榫、车削 6 项主要机械加工性能进行测试与评价。机械加工性能测试试件规格如表 3-5 所示。采用加权积分法对各项加工性能进行评价，确定各项性能的质量等级，并以此来比较处理材与未处理材在该项加工性能的优劣。

表 3-5　机械加工性能测试试件规格

测试性能	试样规格（纵向 × 弦向 × 径向）/mm	数量 / 块
刨切	400×100×20	30
砂光	400×100×15	20
钻孔	300×100×15	30
开榫	300×100×15	30
铣削	300×100×15	20
车削	150×20×20	20

刨切性能测试方法：试样要求顺纹理加工，每次刨切量 5mm，一次只刨削一面。砂光性能测试方法：压辊带式砂光机选用 320 目砂带砂磨，每次砂磨量为 0.5mm。然后用粗糙度仪进行测量，测量参数包括轮廓算数平均偏差（R_a）和微观不平度十点高度（R_z），统计平均值即为所测试样的粗糙度值。钻孔性能测试方法：钻头选用直径为 25mm 的圆形沉割刀中心钻，加工前在试样下方放置实木垫板，并紧密接触。每个试样上钻两个通孔，每次钻孔前都应移动垫板位置。铣削性能测试方法：顺纹理方向一次铣削成型，每次铣削量为0.5mm。开榫性能测试方法：选用边长为 12.5mm 的方形空心凿，加工前在试样下方放置实木垫板，并紧密接触。榫眼加工选在试样左右两端的斜角位置，加工成贯通榫眼。车削性能测试方法：车削加工时要保证一次成型，每次车削量为 2mm，车削 4 次，试样转速 2000r/min。

机械加工性能评价方法：根据加工过程中产生的加工缺陷的主要类型及其程度，包括削片压痕、表面粗糙度、凹凸纹、毛刺等，将锯材的机械加工性能分为 5 级。

1 级：优，无任何缺陷，记 5 分。2 级：良，有轻微缺陷，但可通过 120 目砂纸手动打磨消除，记 4 分。3 级：中，有较大的轻微缺陷，但仍可通过 120 目砂纸打磨消除，记 3 分。4 级：差，有较大的缺陷，不能或者很难通过砂纸消除，记 2 分。5 级：极差，缺陷严重，记 1 分。

采用加权积分法分别对各项加工性能进行评价，将所得分数乘上各自比例（%），相加即为该项加工性能的等级评分，再确定各项性能的质量等级。其值划分为优（4～5）、良（3～4）、中（2～3）、差（1～2）和极差（0～1）五个等级。根据各项加工性能对产品质量的影响程度，确定刨切、砂光、铣削及车削的加权数为2，钻孔和开榫的加权数为1，依据达标比例（%）的高低，对照表3-6确定相应的质量等级，并计算出相应得分，六项相加得出总分。

表 3-6　单项测试质量级别的划分标准

合格试样占比 /%	等级
90 以上	5
70 ～ 89	4
50 ～ 69	3
30 ～ 49	2
0 ～ 29	1

（9）涂饰性能

工艺流程：使用水性 UV 地板漆（由厚邦木业提供），采用"一底两面"的涂饰工艺，流程为板材刨光→砂光（320 目）→辊涂底漆→自然晾干→辊涂面漆→ UV 光固化→砂光→辊涂面漆→ UV 光固化→砂光→辊涂面漆→ UV 光固化。水性 UV 地板漆涂布量为 80 ～ 150g/m^2。

参照《家具表面漆膜理化性能测试　第 6 部分光泽测定法》（GB/T 4893.6—2013），测试试样平行纹理方向的光泽度。取 5 块试样（50mm×50mm，厚度以漆膜干燥后的实际厚度为准），每个试样取 10 个测量点，取平均值。参照《家具表面漆膜理化性能测试　第 4 部分附着力交叉切割测定法》（GB/T 4893.4）测试试样漆膜附着力。参照《家具表面漆膜理化性能测试　第 8 部分耐磨性测定法》（GB/T 4893.8）测试试样漆膜耐磨性，取 5 块试样测试，取平均值。参照《色漆和清漆铅笔法测定漆膜硬度》（GB/T 6739—2006）测试试样漆膜硬度。利用场发射扫描电子显微镜搭载的能谱仪分析漆膜与木材结合界面附近的成分元素种类与含量分析，以定性分析漆膜渗透深度。

3.3.3　单侧表层压缩木材性能分析

（1）剖面密度分布

通过 X 射线剖面密度测量仪测量未处理材试样和单侧表层压缩木试样的 VDP 曲线如图 3-4 所示，虚线表示未处理材试样的 VDP 曲线，而其他实线则表示单侧表层压缩木试样的 VDP 曲线。单侧表层压缩木的 VDP 曲线呈现出非对称的结构形态，峰值密度位于或接近密实化的表面，未压缩侧保留木材原有的密度。峰值密度接近密实化表面的主要原因是木材在单侧表层热压过程中，密实层表面与上热平板（150℃）接触而获得较高的热量，此时热量与木材内的水分共同作用导致木材细胞壁层中的聚合物发生塑性软化，在机械力的作用下木材的上表面管胞腔体被压缩密实，在单侧表层压缩木试样的横断面上呈现出非对称的 VDP 曲线形态。从图 3-4（a）中可以看出，在没有预热软化的情况下（PT=0s），随着闭合时间的延长（在一定压缩比范围内），有效密实层的厚度呈现出增大的变化趋势。该研究结果表明，木材试样在单侧表层热压过程中，随着闭合时间的延长，木材的待压缩侧表面的软化区域增大。此时，木材的上表面层的细胞壁骨架中的非晶型半纤维素和木质素在热湿交互作用的环境下由玻璃态转变为橡胶态。在相对较短的闭合时间内，由于热量的传递有限，单侧表层压缩木的有效密实层的 VDP 曲线形态呈现出窄和尖锐的密度峰值 [图 3-4（a）和（b）]。而在较长的预热时间和闭合时间的热压工艺条件下，单侧表层压缩木的有效密实层远离被压缩侧表面 [图 3-4（b）]。上述研究结果表明，在木材试样单侧表层热压过程中，经过前期的预热处理，木材的上表面层会因为水分从木材表面向内层迁移而转变成干态，而此时次表面的温度和含水率逐渐升高，导致次表面层的非晶型半纤维素和木质素的结构刚性相对于表面层显著降低，致使次表面层更容易被软化压缩。

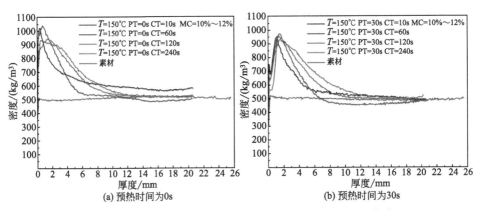

图 3-4　未处理材试样和单侧表层压缩木材试样的 VDP 曲线

　　为进一步研究单侧表层压缩木试样的结构特征对其力学性能的影响，测量了具有不同结构特征的单侧表层压缩的 VDP 指数，主要包括峰值密度距压缩侧表面的距离（Peak Density Distance，PDi）、峰值密度（Peak Density，PD）

以及 LCR。同时，对单侧表层压缩木试样的低密度密实层（Ⅰ）、有效密实层
（Ⅲ）、过渡密实层（Ⅲ）和未压缩层（Ⅳ）的平均密度和厚度也进行了测量，
测试结果列于表 3-7 和表 3-8。如表 3-6 和表 3-7 所示，预热时间对有效密实层
的位置具有显著的影响，而闭合时间则对有效密实层的厚度具有显著的影响。
在相同的压缩比条件，具有不同结构特征的单侧表层压缩木试样的 LCR 值为
57.9% ～ 75.2%，表明密实层的细胞壁被压缩的程度不同。

综上讨论可知，预热时间和闭合时间在制备单侧表层压缩木中起着重要的
作用，对单侧表层压缩木的有效密实层的位置和厚度具有显著的影响。这一发
现有助于优化单侧表层压缩木的制备工艺，获得理想的单侧表层压缩木结构。

表 3-7　单侧表层压缩木的 VDP 指数的平均值

PT–CT/s	PDi/mm	平均密度 / (kg/m³)				
		PD	Ⅰ	Ⅱ	Ⅲ	Ⅳ
0 ～ 10	0.38±0.03[①]	1025.0±25.8	584.0±33.3	868.0±12.1	622.0±11.8	—
0 ～ 60	0.80±0.05	1055.0±5.1	672.0±68.8	930.0±23.2	577.0±18.4	511.0±10.5
0 ～ 120	0.86±0.06	955.0±35.2	684.0±52.0	877.0±14.8	584.0±11.1	519.0±10.7
0 ～ 240	0.55±0.70	925.0±5.9	576.0±41.2	886.0±12.2	597.0±13.9	521.0±11.5
30 ～ 10	1.05±0.10	975.0±15.3	655.0±17.1	858.0±12.7	573.0±15.0	517.0±12.6
30 ～ 60	1.50±0.05	990.0±10.3	647.0±12.8	867.0±19.2	608.0±12.8	489.0±13.1
30 ～ 120	1.50±0.15	940.0±60.7	646.0±10.4	859.0±12.0	617.0±10.6	517.0±11.7
30 ～ 240	1.48±0.08	955.0±5.8	639.0±24.8	866.0±22.2	629.0±22.0	505.0±14.0

① 平均值 ± 标准差。

注：PDi 表示峰值密度距压缩侧表面的距离；PD 表示峰值密度；Ⅰ表示低密度密实层；Ⅱ表示有效密实层；
Ⅲ表示过渡密实层；Ⅳ表示未压缩层。

表 3-8　单侧表层压缩木的 VDP 指数的厚度平均值和 LCR

PT–CT/s	LCR/%	平均厚度 /mm			
		Ⅰ	Ⅱ	Ⅲ	Ⅳ
0 ～ 10	—	0.06±0.01[①]	2.03±0.28	17.78±0.43	—
0 ～ 60	63.7	0.06±0.02	3.51±0.25	5.23±0.28	11.73±0.03
0 ～ 120	71.9	0.09±0.02	4.35±0.10	8.33±0.48	7.73±0.33
0 ～ 240	75.2	0.17±0.02	5.13±0.13	9.93±0.03	5.35±0.05
30 ～ 10	67.3	0.43±0.08	2.08±0.13	7.68±0.38	10.23±0.23
30 ～ 60	57.9	0.53±0.03	3.00±0.15	3.35±0.40	13.63±0.28

续表

PT–CT/s	LCR/%	平均厚度 /mm			
		Ⅰ	Ⅱ	Ⅲ	Ⅳ
30 ～ 120	64.4	0.65±0.05	4.00±0.20	4.95±0.20	11.45±0.50
30 ～ 240	68.7	0.83±0.08	4.40±0.25	6.00±0.40	9.53±0.48

① 平均值 ± 标准差。

注：LCR 表示局部压缩比；Ⅰ表示低密度密实层；Ⅱ表示有效密实层；Ⅲ表示过渡密实层；Ⅳ表示未压缩层。

（2）微观结构

单侧表层压缩木材的密实层和未压缩层的 SEM 微观图像如图 3-5 所示。如图 3-5（b）～（d）所示，单侧表层压缩木的密实层的细胞壁向密实化方向变形，细胞腔体积明显减小。在密实层的细胞壁内腔上未观察到明显的断裂，只有部分细胞壁出现微小的裂纹 [图 3-5（d）]。类似的研究结果在之前的研究中也得到了证实。如图 3-5（e）～（g）所示为单侧表层压缩木的未压缩层的细胞壁微观形态，SEM 图像显示未压缩层的细胞壁未发生形变。但是，在部分细胞壁层观察到了明显的裂纹。究其原因，主要是因为木材在单侧表层热压过程中没有进行预热处理，压缩层未得到充分的热软化，导致木材的未压缩层同样受到较大的机械力压迫，未压缩层的细胞壁层出现微小的断裂。因此，在木材单侧表层热压工艺中建议引进预热阶段，可以促使木材预压缩层得到充分的软化，从而可以最大限度地保留未压缩层的细胞壁的完整性。

（3）物理性能

如图 3-6 和表 3-8 所示为未处理材试样及单侧表层压缩木材试样的吸湿厚度膨胀率（TS）与吸湿弹性恢复率（SR）。如图 3-6 所示，不同的热压工艺参数所制得的单侧表层压缩木试样显示出不同的 TS 变化曲线。未处理材试样和单侧表层压缩木试样经过三次的干湿循环吸湿处理后，其最大 TS 分别为 2.83% 和 7.23%；单侧表层压缩木试样的最大 SR 为 7.9%，远小于其局部压缩比（67.3%）。而最小的 TS 为 5.3%，最小的 SR 为 3.4%。上述研究结果表明，不同的热压工艺参数组合下所制得的单侧表层压缩木试样的吸湿厚度膨胀率和回弹率呈现出明显的差异性。究其原因，可以归结为不同的热压工艺参数组合下，密实层的细胞壁被压缩的程度不同，存在不同的压缩形变残余应力。如图 3-6 所示，每次干湿循环结束，都将木材试样烘至绝干，绝干的木材试样的厚度膨胀率随着干湿循环次数的增加呈现出增大的变化趋势。同样，随着干湿循环次数的增加，单侧表层压缩木试样的弹性恢复率也呈现出明显的增加趋势，

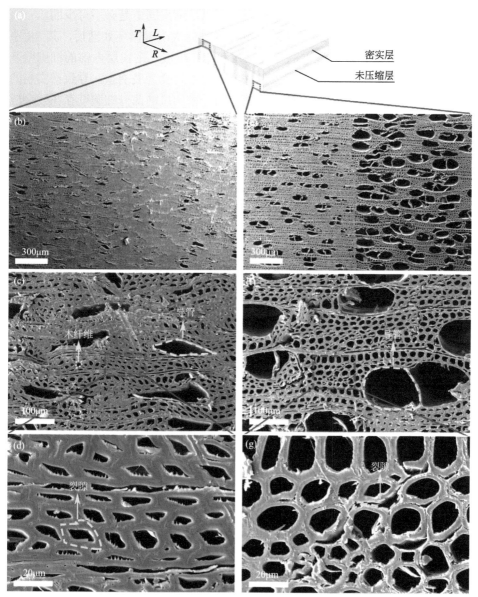

图 3-5　单侧表层压缩木材密实层和未压缩层（PT=0s，CT=240s）的 SEM 微观图像

（a）单侧表层压缩木试样的示意；（b）～（d）密实层在不同放大倍数条件下的 SEM 微观图像；（e）～（g）未压缩层在不同放大倍数条件下的 SEM 微观图像

然而其 EMC 始终保持在 10% 左右。上述研究结果表明，单侧表层压缩木试样在吸湿过程中，密实层的细胞壁形变在缓慢地恢复，变形后的细胞壁可能存在机械吸附回弹行为。这种现象的存在，会使压缩木制造的产品在干湿反复变化

的环境中发生恢复，引起产品质量问题，所以压缩层固定是必不可少的。

如表 3-9 所示，单侧表层压缩木试样经过三次干湿循环处理后，其 SR 小于 100%。表明在热压过程中的保温保压和冷却阶段，密实层内部的细胞壁基质化学组分重新形成氢键连接，由原来的橡胶态转变为玻璃态，导致密实层的部分细胞壁产生了永久性的形变。然而，由于密实层的部分细胞壁存在残余应力，使原本发生形变的细胞壁恢复，特别是在高湿度的环境下会产生较大程度的回弹。而避免单侧表层压缩木密实层回弹的有效处理方法是进行后热处理或表面油漆涂饰处理。

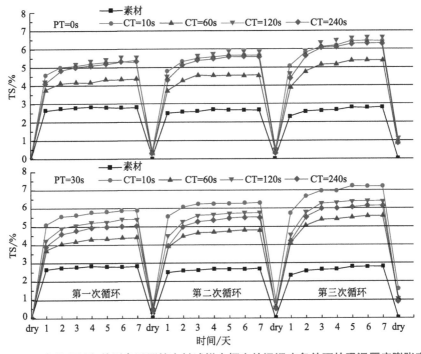

图 3-6　未处理材和单侧表层压缩木材试样在恒定的温湿度条件下的吸湿厚度膨胀率

dry 表示干燥处理，下同

表 3-9　单侧表层压缩木分别经过第一、第二和第三次的干湿循环吸湿处理后的弹性回弹率和平衡含水率

PT-CT/s	第一次循环		第二次循环		第三次循环	
	SR/%	EMC/%	SR/%	EMC/%	SR/%	EMC/%
未处理材	—	10.2	—	10.1	—	10.2
0～10	1.9±0.2[①]	10.5	2.4±0.2	10.3	4.4±0.2	10.5

续表

PT–CT/s	第一次循环		第二次循环		第三次循环	
	SR/%	EMC/%	SR/%	EMC/%	SR/%	EMC/%
0～60	1.4±0.1	10.4	1.8±0.1	10.1	3.8±0.2	10.0
0～120	1.6±0.2	10.3	2.2±0.2	10.1	4.9±0.4	10.1
0～240	1.2±0.1	11.0	1.3±0.1	10.3	3.4±0.1	10.3
30～10	2.6±0.3	10.7	4.6±0.4	10.4	7.9±0.5	10.1
30～60	1.4±0.1	10.2	2.5±0.2	10.0	4.7±0.6	10.0
30～120	1.9±0.2	10.9	2.3±0.2	10.5	4.5±0.3	10.2
30～240	1.7±0.1	10.3	2.0±0.1	10.0	3.6±0.4	10.0

① 平均值 ± 标准差。

（4）力学性能

如图 3-7 所示为单侧表层压缩木试样的表面硬度。经前期实验测定，杨木未处理材的表面硬度值为 1758N。如图 3-7（a）所示，由于木材单侧表层被压缩强化，单侧表层压缩木压缩侧的表面硬度值为 3341～4322N，明显高于未处理材的表面硬度值，是未处理材的硬度的 1.9～2.5 倍；单侧表层压缩木试样的表面硬度值随着有效密实层的厚度的增加呈现出线性增大的变化趋势。该研究结果表明，随着有效密实层厚度的增加（在一定压缩比范围内），表层密实化木材的整体结构刚度增大。在预热时间为 30s 的条件下所制得的单侧表层压缩木试样呈现出较低的表面硬度值。结合图 3-4（b）所示的 VDP 曲线形态证实，在有效密实层远离压缩侧表面时，单侧表层压缩木试样呈现出较低的表面硬度值。基于 Duncan 多重比较分析同样证实了单侧表层压缩木的有效密实层位置和厚度对其表面硬度具有显著的影响。基于前期文献调查发现，压缩比已被证实对单侧表层压缩木的表面硬度没有显著的影响。综上研究结果表明，在相同的压缩比条件下通过优化单侧表层压缩木的结构，可获得较高的表面硬度值。

为考察单侧表层压缩杨木表面硬度与常用硬阔叶材的优劣性，图 3-7（b）显示了表层压缩杨木的表面硬度与几种在实木地板上常用的硬阔叶材树种的表面硬度的对比图。研究结果证实，表层压缩杨木的表面硬度值超过了桦木的表面硬度值，与柚木、香椿和枫香木等硬阔叶材的表面硬度值相当，表明表层压缩杨木的表面硬度与常用硬阔叶材树种相当，说明能满足实木地板、桌椅面板和建筑墙板的表面硬度要求。

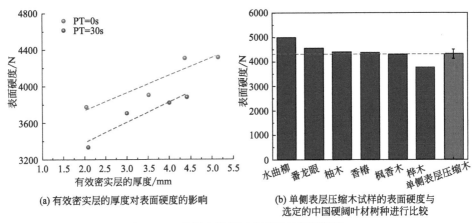

(a) 有效密实层的厚度对表面硬度的影响

(b) 单侧表层压缩木试样的表面硬度与
选定的中国硬阔叶材树种进行比较

图 3-7　单侧表层压缩木试样的表面硬度

　　采用落球冲击试验机测试了未处理材试样和单侧表层压缩木试样的抗落球冲击性能。如图 3-8（a）所示为木材抗落球冲击测试的示意，钢球距离测试试样上表面的高度为 H=50cm。如图 3-8（c）所示为未处理材试样和单侧表层压缩木试样的冲击压痕直径。正如预期，木材经过单侧表层压缩强化处理，木材的抗落球冲击性能显著提高。在单侧表层热压工艺参数为 PT=0s，CT=60s 的条件下，所制得的单侧表层压缩木显示出较低的冲击压痕直径（9.4mm），相比于未处理材（13.5mm），冲击压痕直径降低了 29%。根据 Duncan 多重比较分析结果，在相同的预热时间条件下，闭合时间对冲击压痕直径的影响不显著。该研究结果表明，单侧表层压缩木的有效密实层的厚度对其抗落球冲击性能的影响不显著。而预热时间对其抗冲击性能具有显著的影响 [图 3-8（c）]，表明单侧表层压缩木的有效密实层的位置对其抗冲击性能具有显著的影响。通过观察未处理材和单侧表层压缩木表面的冲击损伤区域 [图 3-8（b）]，发现未处理材表面存在纤维断裂，而在单侧表层压缩木试样表面未观察到明显的纤维断裂，表明未处理材由于密度低、材质软未能承受住局部的高应力冲击作用。这一现象同样出现在层合板及纤维板上。为进一步评价单侧表层压缩木的抗冲击优越性，将单侧表层压缩木的抗冲击性能与几种硬阔叶材树种进行对比分析。如图 3-8（d）所示，单侧表层压缩木的抗落球冲击性能高于黑槭木、水曲柳和山毛榉木，低于古夷苏木。上述研究结果表明，在需要一定的机械强度和刚度的应用中，单侧表层压缩木具有巨大的潜力取代硬阔叶材树种。

　　探讨单侧表层压缩木的有效密实层的位置和厚度对其弯曲性能的影响，有助于优化单侧表层压缩木的结构设计及实现其高效利用。如图 3-9（a）和（b）所示为木材试样的弯曲性能的两种测试模式，分别为密实层朝上（DLU）和密

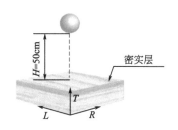

(a) 抗落球冲击测试示意

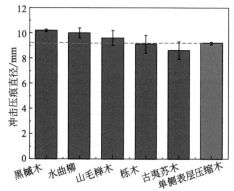

(b) 木材试样表面的损伤区域的照片

(c) 未处理材和单侧表层压缩木
表面的冲击压痕直径

(d) 单侧表层压缩木的压痕直径与
硬阔叶材树种的压痕直径对比

图 3-8 未处理材试样和单侧表层压缩木试样的抗落球冲击性能

实层朝下（DLD）。如图 3-9（c）和（d）所示为未处理材试样和单侧表层压缩木试样的抗弯强度（MOR）及抗弯弹性模量（MOE）。图中的红色虚线为未处理材试样的 MOR 和 MOE 的平均值，分别为 71MPa 和 6083MPa。在 DLU测试模式下，单侧表层压缩木的 MOR 的平均值为 78～90MPa，相比于未处理材的 MOR 值高 10%～26%。相比于 DLU 的测试结果，在 DLD 测试模式下，单侧表层压缩木具有较低的 MOR 值，但仍然略高于未处理材的 MOR 值。如图 3-9（d）所示，在 DLU 测试模式下，单侧表层压缩木的 MOE 的平均值为7890～9031MPa，相比于未处理材的 MOE 值高 30%～48%。同样，在 DLD测试模式下，单侧表层压缩木显示出较低的 MOE 值，但同样高于未处理材。综上研究结果表明，软质速生材经过单侧表层压缩处理有助于提高木材的弯曲性能，但是不能达到最大化。研究结果同样表明，非对称型的单侧表层压缩木的弯曲性能同样受到弯曲载荷加载面的影响。根据 Duncan 多重比较分析结果，在 DLU 测试模式下，预热时间对单侧表层压缩木的 MOR 值没有显著的影响。该研究结果表明，单侧表层压缩木的有效密实层的位置对其 MOR 值没有显著的影响，而有效密实层的厚度是影响单侧表层压缩木强度的主要因素。如图3-9（c）所示，在 DLU 测试模式下，单侧表层压缩木的 MOR 值随着有效密实层厚度的增加呈现出增大的变化趋势。而在 DLD 测试模式下，单侧表层压缩木的有效密实层的厚度和位置对其 MOR 值并无显著性影响。对于单侧表层压缩木的刚度特性，在 DLU 测试模式下，单侧表层压缩木的 MOE 值随着有效密实层厚度的增加呈现出增大的变化趋势。此外，当有效密实层的位置靠近密实化表面时，单侧表层压缩木具有较大的 MOE 值。而在 DLD 测试模式下，单侧表层压缩木的有效密实层厚度对其 MOE 值无显著的影响。

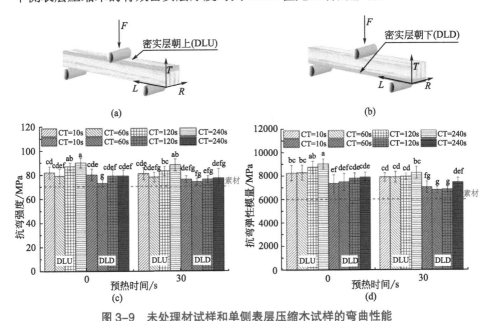

图 3-9　未处理材试样和单侧表层压缩木试样的弯曲性能

（a）表示 DLU 测试模式示意；（b）表示 DLD 测试模式示意；（c）和（d）表示在 DLU 及 DLD 两种测试
模式下单侧表层压缩木的 MOR 与 MOE，图中的虚线表示未处理材的 MOR 和 MOE 的平均值
图中的小写字母表示邓肯多重比较分析检验的结果，显著性水平 $p < 0.05$。显著性检验结果以小写字母的
形式标注在相对应的图表上，相同的小写字母注释则表示处理组之间无显著性差异

　　在不同的测试模式下，非对称型的单侧表层压缩木具有不同的断裂失效形式。如图 3-10 所示，在 DLU 的测试模式中，其断裂失效主要发生在未压缩层，发生拉伸断裂失效；而在 DLD 的测试模式中，其断裂失效主要发生在未压缩层，发生压缩屈服破坏。该研究结果表明，单侧表层压缩木的未压缩层的密度低于密实层的密度，相应的抗压/抗拉刚度和强度较低，在面外载荷的作用下，弯曲梁试件的轴向应力超过了未压缩层一侧的抗压或抗拉强度，导致未压缩层发生失效。因此，单侧表层压缩木在作为梁结构应用时，应考虑加载方向的影响。

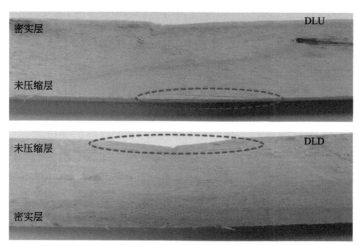

图 3-10　单侧表层压缩木试样在 DLU 和 DLD 两种抗弯强度测试模式下的破坏模式

（5）表层热处理压缩材的质量损失率和分层平衡含水率

如图 3-11 所示为单侧表层压缩木经过双侧表层高温热处理后的质量损失率。在热处理温度为 200℃的条件下，表层热处理材的质量损失率随着热处理时间的增加呈现出线性增大的变化趋势，在热处理时间为 10 ～ 30min 时，相对应的质量损失率为 1.05% ～ 2.32%。同样，在热处理温度为 220℃时，随着热处理时间的增加，表层热处理材的质量损失率呈现出相似的变化规律，在热处理时间为 10 ～ 30min 时，所对应的质量损失率为 1.59% ～ 4.71%。已有文献研究表明，采用传统的高温水蒸气处理方法，热处理木材的质量损失率通常为 2% ～ 12%（Esteves 等，2009 年）。而且，传统的高温水蒸气处理方法通常是对木材的整体进行热处理，在提高木材的尺寸稳定性的同时，也会导致木材的力学性能产生较大程度的损失。在本研究中，通过接触式的热处理方法，可以在单侧表层压缩木的表层形成热处理木质保护层。相对于传统的高温水蒸气处理方法，表层热处理材的热降解（即质量损失）主要集中在木材的表层。而且，木材表层细胞壁化学组分的热降解，在一定程度上降低了木材表层细胞壁基质的吸湿性（Čermák 等，2019 年），形成了稳定的热处理木质保护层。

如图 3-12 所示为对照材和双侧表层热处理材的分层平衡含水率（密实热处理层、心层和未压缩热处理层）。对照材的密实层、心层和未压缩层的平衡含水率分别为 10.27%、10.43% 和 10.40%，说明木材经过单侧表层压缩处理，密实层、心层和未压缩层的吸湿位点未发生显著的变化。在热处理温度为 200℃时，双侧表层热处理材的密实热处理层、心层和未压缩热处理层的平衡含水率均随着热处理时间的延长呈现出下降的趋势，在热处理时间为 10 ～ 30min 时，最小值分别为 7.13%、7.26% 和 7.12%［图 3-12（a）］。该研究结果说明，在木材表层高温热处理过程中，随着热处理时间的延长，木材的表层和心层都产生了不同程度的热降解，密实热处理层、心层和未压缩热处理层的吸湿性显著降低。在热处理温度为 220℃ 时，表层热处理材的各层的平衡含水率同样随着热处理时间的延长呈现出明显的下降趋势，在热处理时间为 10 ～ 30min 时，最小值分别为 6.10%、6.20% 和 6.04%［图 3-12（b）］。综上讨论表明，随着热处理温度升高，木材细胞壁基质化学组分产生了更大程度的热降解，特别是半纤维的降解更剧烈，导致密实热处理层、心层和未压缩热处理层的吸湿性显著下降。在热处理温度为 220℃、热处理时间为 10 ～ 20min 时，密实热处理层和未压缩热处理层的平衡含水率显著低于心层的平衡含水率；而在热处理时间为 25 ～ 30min 时，各层间的平衡含水率并无显著性差异。此研究结果说明，在高温条件下（220℃）和较短的热处理时间范围内（10 ～ 20min），表层热处理材的表层相对于心层发生了显著的热降解，表层的吸湿性下降；而在热处理时间为 25 ～ 30min 时，心层和表层都受到了热降解的影响。

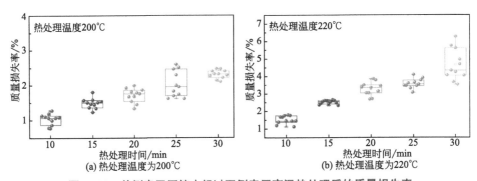

图 3-11　单侧表层压缩木经过双侧表层高温热处理后的质量损失率

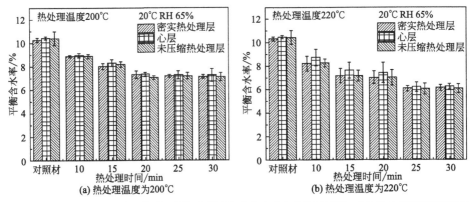

图 3-12　对照材和双侧表层热处理材的分层平衡含水率（密实热处理层、心层和未压缩热处理层）

（6）表层热处理压缩材的动态吸湿和解吸特性

如图 3-13 所示为木材的动态吸湿和解吸特性。如图 3-13（a）所示，对照材的未压缩层和密实层表现出不同的吸湿和解吸行为，密实层在各相对湿度点的吸湿平衡含水率比未压缩层低，未压缩层和密实层的吸湿平衡含水率均随着相对湿度的增加呈现出增大的变化趋势。在相对湿度为 10% ～ 60% 的吸湿曲线阶段，未压缩层和密实层的吸湿曲线较平缓，其吸湿变化曲线近乎直线，所对应的斜率分别为 0.13 和 0.12。在相对湿度为 70% ～ 90% 的吸湿曲线阶段，未压缩层和密实层的吸湿曲线较陡峭，未压缩层的吸湿平衡含水率的最小值和最大值分别为 10.23% 及 17.04%；密实层的吸湿平衡含水率的最小值和最大值分别为 9.31% 及 15.89%。上述研究结果说明，在相对湿度较低和中等的条件下，木材的吸湿速率相对缓慢；而在高相对湿度条件下，木材的吸湿速率相对更迅速，其原因可能是在木材吸湿过程中木材内部的孔隙出现了毛细管冷凝现象，在木材的内表面出现了更多的吸附位点（姚晴，2018 年）。密实层的吸湿平衡含水率相对于未压缩层较低，其原因可能是木材经过压缩密实化处理，木材的孔隙及管胞腔体被压缩密实，阻碍了水分子传输，水分子在毛细管内部的张力减弱。在相对湿度为 0 ～ 90% 时，对照材的未压缩层和密实层的吸湿曲线形态并未发生显著的变化，其主要原因是木材在单侧表层压缩过程中，密实层的细胞壁基质化学组分并未发生显著的变化，压缩处理材的吸湿性未发生显著的变化。

由图 3-13（a）可知，在相对湿度为 0 ～ 90% 时，对照材的密实层的解吸平衡含水率相对于未压缩层较低。未压缩层和密实层的解吸平衡含水率同样均随着相对湿度的降低呈现出显著的下降趋势。在相对湿度为 90% ～ 10% 的解吸阶段，未压缩和密实层的解吸平衡含水率变化曲线近乎直线，所对应的斜率分别为 0.18（解吸平衡含水率的最大值和最小值分别为 17.04% 及 2.52%）和 0.16（解吸平衡含水率的最大值和最小值分别为 15.89% 及 2.37%）。上述研究结果说明，在相对湿度为 10% ～ 60% 时，未压缩层和密实层的解吸速率大于吸湿速率，主要是由于环境介质中具有较低的水蒸气分压及受到木材的吸湿滞后影响。

如图 3-13（b）所示，在相对湿度为 0 ～ 90% 时，表层热处理材的未压缩热处理层、心层和密实热处理层具有不同的吸湿等温线。在相对湿度为 10% ～ 60% 的吸湿阶段，未压缩热处理层、心层和密实热处理层的吸湿曲线较平缓，其吸湿变化曲线近乎直线，所对应的斜率分别为 0.08、0.11 和 0.06。在相对湿度为 70% ～ 90% 的吸湿阶段，未压缩热处理层、心层和密实热处理层的吸湿曲线较陡峭，未压缩热处理层的吸湿平衡含水率的最小值和最大值分

别为 6.16% 及 11.41%；心层的吸湿平衡含水率的最小值和最大值分别为 7.84%
及 12.52%；密实热处理层的吸湿平衡含水率的最小值和最大值分别为 4.75%
及 9.75%。在每个相对湿度条件下，吸湿平衡含水率：心层＞未压缩热处理
层＞密实热处理层。研究结果表明，单侧表层压缩木经过双侧表层高温热处
理，木材表层的细胞壁基质化学组分由于发生了热降解导致表层（未压缩热处
理层、密实热处理层）的吸湿性降低。然而，木材的心层未受到较大程度的
热降解，心层仍具有较高的吸湿平衡含水率。综上研究结果也证实了，单侧表
层压缩木经过表层高温热处理形成了三层的夹层结构。在降低木材吸湿性的同
时，能够很好地保留住木材心层原有的结构属性。

　　由图 3-13（b）可知，在相对湿度为 0 ～ 90% 时，表层热处理材的未压缩
热处理层、心层和密实热处理层的解吸平衡含水率均随着相对湿度的降低而减
小。在相对湿度为 90% ～ 10% 的解吸阶段，未压缩热处理层、心层和密实热
处理层的解吸平衡含水率变化曲线近乎直线，所对应的斜率分别为 0.12（解
吸平衡含水率的最大值和最小值分别为 11.41% 及 1.84%）、0.13（12.52% 和
1.90%）和 0.10（9.75% 和 1.42%）。同样，在每个相对湿度条件下，解吸平衡
含水率：心层＞未压缩热处理层＞密实热处理层。在同一相对湿度水平条件
下，未压缩热处理层、心层和密实热处理层的解吸平衡含水率均高于其吸湿平
衡含水率。

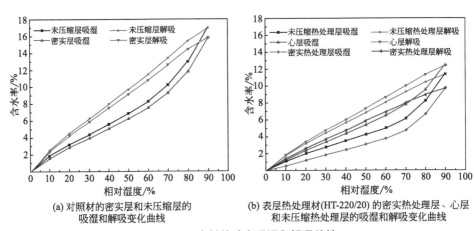

(a) 对照材的密实层和未压缩层的　　　　(b) 表层热处理材(HT-220/20) 的密实热处理层、心层
　　　吸湿和解吸变化曲线　　　　　　　　　和未压缩热处理层的吸湿和解吸变化曲线

图 3-13　木材的动态吸湿和解吸特性

（7）表层热处理压缩材的吸湿滞后现象

　　如图 3-14 所示为对照材和表层热处理材（HT-220/20）在 25℃下的吸湿滞
后。在本研究中，所定义的吸湿滞后系数为在同一温度、相对湿度条件下木
材试样的吸湿平衡含水率与解吸平衡含水率的比值。由图 3-14 可知，相对于

对照材的未压缩层，密实层具有较低的吸湿滞后系数。而且随着相对湿度的增大，未压缩层和密实层的吸湿滞后系数呈现出增大的趋势。相比于对照材的未压缩层和密实层的吸湿滞后系数，表层热处理材的未压缩热处理层和密实热处理层的吸湿滞后系数显著减少。由图3-14可知，在相对湿度为10%～60%时，未压缩热处理层的吸湿滞后系数曲线变化平缓，吸湿滞后系数为0.60～0.62；在相对湿度为70%～80%时，未压缩热处理层的吸湿滞后曲线较陡峭，在各相对湿度点的吸湿滞后系数分别为0.66和0.78。未压缩热处理层吸湿滞后系数减小，其原因可能是未压缩热处理层木材在吸湿过程中，部分纤维素非结晶区的游离羟基之间以氢键结合，所含的羟基数量减少，导致羟基所能吸附的水分子数量减少。而在解吸过程中，木材内部水分子脱除，水分子与纤维素上的羟基间的氢键断开，在纤维素表面形成更多的氢键，从而具有较多的吸附位点。而且，在解吸过程中，由于水分子的脱除，纤维素间相互靠近形成网状结构，会对水分子的运动产生阻碍作用，导致木材试样所吸附的水分子不易挥发，导致未压缩热处理层的吸湿滞后系数减小。相对于未压缩热处理层，密实热处理层具有较低的吸湿滞后系数。在相对湿度为10%～20%时，密实热处理层的吸湿滞后系数曲线较陡峭，在各相对湿度点达到的吸湿滞后系数分别为0.39和0.46；在相对湿度为30%～60%时，吸湿滞后系数曲线较平缓，在各相对湿度点达到的吸湿滞后系数分别为0.49、0.52、0.53、0.54；在相对湿度为70%～80%时，吸湿滞后曲线较陡峭，在各相对湿度点的吸湿滞后系数分别为0.59和0.75。密实热处理层具有较低的吸湿滞后系数，其原因可能是在吸湿过程中致密的结构会对水分子的运动产生阻碍作用，木材的吸湿速率下降，会加剧木材的吸湿滞后现象。如图3-14所示，表层热处理材（HT-220/20）的心层的吸湿滞后曲线与对照材的未压缩层相似。该研究结果同样说明了，单侧表层压缩木在表层高温热处理过程中，木材的心层未受到严重的热降解影响，仍保持木材原有的结构特性。

（8）表层热处理压缩材的尺寸稳定性

如图3-15(a)～(c)所示为素材、对照材和表层热处理材的吸水厚度膨胀率及回弹率。由图3-15（a）和（b）可知，在热处理温度为200℃和

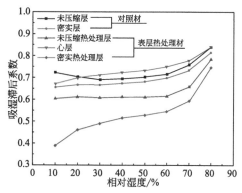

图 3-14 对照材和表层热处理材（HT-220/20）在25℃下的吸湿滞后

220℃的条件下，随着热处理时间的延长，木材的吸水厚度膨胀率逐渐减小，其原因是木材经过高温热处理，其一表层发生了热降解，导致木材的吸水性降低，而且随着热处理时间的延长，木材的表层热降解更剧烈，吸水厚度膨胀率显著下降。在本研究中，经过表层高温热处理的木材试样（HT-220/30）具有较低的吸水厚度膨胀率（15%），相对于对照材（30%），下降了50%，表明经过表层高温热处理可显著降低单侧表层压缩木的吸水厚度膨胀率。如图3-15（c）所示为对照材和表层热处理材的吸水回弹率，其中对照材的吸水回弹率为74.94%。在热处理温度为200℃和220℃的条件下，随着热处理时间的延长，表层热处理材的吸水回弹率逐渐减小，不同热处理温度所对应的吸水回弹率分别为60.72%～23.25%、48.48%～5.47%。相对于对照材，表层热处理材（HT-220/30）具有较低的吸水回弹率（5.47%），下降了92.70%。

如图3-15（d）～（f）所示为素材、对照材和表层热处理材的吸湿厚度膨胀率和回弹率。在本研究中，所采用的测试条件如下：温度为45℃、相对湿度为90%。在这种高温高湿环境下更易真实测定表层热处理材的尺寸稳定性。如图3-15（d）和（e）所示，在热处理温度为200℃和220℃的条件下，表层热处理材的吸湿厚度膨胀率随着热处理时间的增加呈现出下降的变化趋势，与吸水厚度膨胀率的变化规律相似。如图3-15（f）所示为对照材和表层热处理材的吸湿回弹率，其中对照材的吸湿回弹率为14.54%。同样，表层热处理材

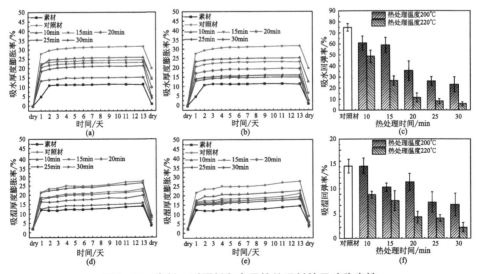

图3-15 素材、对照材和表层热处理材的尺寸稳定性

（a）和（d）表示试样的吸水厚度膨胀率和吸湿厚度膨胀率，热处理温度为200℃；（b）和（e）表示试样的吸水厚度膨胀率和吸湿厚度膨胀率，热处理温度为220℃；（c）和（f）表示试样的吸水回弹率和吸湿回弹率

的吸湿回弹率随着热处理时间的增加而减小，在热处理温度为220℃和热处理时间为30min时取得最小值（2.21%），相对于对照材，下降了84.80%。

综合表层热处理材的吸水和吸湿回弹率测试结果，表明单侧表层压缩木经过表层高温热处理，处理材的吸水和吸湿回弹率显著下降。然而，木材的吸水回弹率显著下降也表明了木材的表层和心层产生了剧烈的热降解，木材原有的力学性能结构可能发生了破坏。然而基于木材的吸湿滞后系数曲线变化的讨论，在热处理温度为220℃和热处理时间为20min的条件下制得的表层热处理材的芯层的吸湿滞后系数与对照材的未压缩层的吸湿滞后系数接近。该研究结果表明，在这个热处理条件下，表层热处理材（HT-220/20）的质量损失为中度水平，处理材的心层未受到严重的热降解影响，处理材还具有较高的尺寸稳定性。

（9）表层热处理压缩材的瓦弯度特性

如图3-16（a）所示为木材的瓦弯度测试示意，所述的瓦弯度为板材的拱高（h）与内曲面长（l）的比值。在本研究中，将对照材和表层热处理材试样置于温度为45℃、相对湿度为90%的恒温恒湿箱中进行平衡处理，可测定处理材在高温高湿的环境条件下的瓦弯度。测试结果如图3-16（b）所示，其中对照材的瓦弯度为0.80%。在热处理温度为200℃和220℃的条件下，随着热处理时间的增加，表层热处理材的瓦弯度呈现出先增加后减小的变化趋势。该研究结果表明，在较短的热处理时间条件下，压缩层原有的压缩应力并未能得到有效的释放，反而给处理材引入热应力，导致表层热处理材更易发生瓦弯变形。而随着热处理时间的增加，木材的表层产生了热降解，压缩层原有的压缩应力得到有效释放，处理材的瓦弯度降低。由图3-16（b）可知，在热处理温

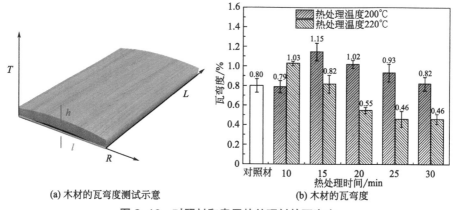

(a) 木材的瓦弯度测试示意　　　　(b) 木材的瓦弯度

图 3-16　对照材和表层热处理材的瓦弯度

度为200℃的条件下，相对于对照材，表层热处理材仍具有较高的瓦弯度。然而在热处理温度为220℃和热处理时间为20～30min时，处理材具有较低的瓦弯度（0.55%～0.46%），相对于对照材，降低了31.3%～42.5%。该研究结果表明，在热处理温度为220℃和热处理时间大于20min时，单侧表层压缩木的密实层的压缩应力才能得到有效释放，在该热处理工艺条件下可获得瓦弯度较低的表层热处理材。而且表层热处理材（HT-220/20）的密实热处理层和未压缩热处理层的动态吸湿及解吸行为曲线同样证实了，密实热处理层和未压缩热处理层的吸湿性显著下降，也有助于降低表层热处理材的瓦弯度。

（10）机械加工性能

表3-10是炭化单侧表层压缩材、炭化材及未处理材机械加工性能等级，其中炭化单侧表层压缩材为表层压缩后进行炭化处理后制得，炭化材为未压缩材进行炭化处理后制得。由表3-10可知，炭化单侧表层压缩材机械加工性能较未处理材相比整体提升较大，各项加工性能等级均在3级以上。

如图3-17所示是炭化单侧表层压缩材刨切性能等级实物，其中炭化单侧表层压缩材刨切性能达标率为93.3%，刨切性能较优。通过加权积分法得到炭化单侧表层压缩材、炭化材和未处理材的综合刨切性能质量等级积分分别为4.766、4.467和4.166。对照质量等级划分表可知，炭化单侧表层压缩材的刨切性能属于优秀。在刨切加工过程中出现的主要缺陷为毛刺沟痕和压痕。在进行刨切加工的过程中，应尽量降低刨切速度，减小每次加工的刨切量，以减少建加工缺陷。

(a) 1级　　　　　　　　(b) 2级　　　　　　　　(c) 3级

图3-17　炭化单侧表层压缩材刨切性能等级实物

如图3-18所示是炭化单侧表层压缩材砂光性能等级实物，砂光性能达标率为100%，砂光性能优良，对比未处理材提高了一个等级。通过加权积分法得到炭化单侧表层压缩材、炭化材和未处理材的综合砂光性能质量等级积分分别为4.650、4.700和4.650。对照质量等级划分表可知，炭化单侧表层压缩材的刨切性能属于优秀。

试样经砂光加工后的表面粗糙度是评价砂光质量的重要指标，见表3-11（R_a是轮廓算数平均偏差；R_z是微观十点不平度；R_y是评价长度内轮廓最高点和最低点之间的距离）。通过表3-10可知，经砂光加工后，炭化单侧表层压缩材表面粗糙度有明显的下降。这是由于热压之后木材中的导管、纤维被明显压缩，表层木材密度有所增加，表面变得更加平整。显然砂光工序对单侧表层压缩木加工质量较为重要，可以有效去除毛刺等刨切缺陷，所以建议在炭化单侧表层压缩木机械加工过程中，经过粗砂之后，再进行 1～2 次细砂。

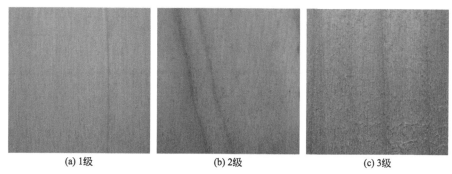

(a) 1级　　　　　　　(b) 2级　　　　　　　(c) 3级

图 3-18　炭化单侧表层压缩材砂光性能等级实物

如图3-19所示是炭化单侧表层压缩材钻孔性能等级实物，炭化单侧表层压缩材、炭化材和未处理材钻孔性能测试达标率为100%，三者差异不大。通过加权积分法得到炭化单侧表层压缩材、炭化材和未处理材的综合钻孔性能质量等级积分分别为4.800、5.000和4.800。对照质量等级划分表可知，炭化单侧表层压缩材的钻孔性能属于优秀。

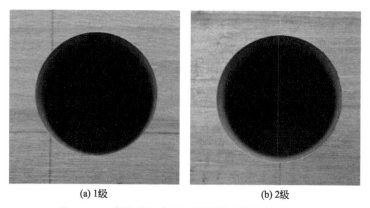

(a) 1级　　　　　　　　　　(b) 2级

图 3-19　炭化单侧表层压缩材钻孔性能等级实物

表3-10 炭化单侧表层压缩材、炭化材和未处理材机械加工性能等级

| 项目 | 炭化单侧表层压缩材 | | | | | | | 炭化材 | | | | | | | 未处理材 | | | | | | |
| | 试样等级比例/% | | | | | 达标等级/% | 质量等级 | 试样等级比例/% | | | | | 达标等级/% | 质量等级 | 试样等级比例/% | | | | | 达标等级/% | 质量等级 |
	1级	2级	3级	4级	5级			1级	2级	3级	4级	5级			1级	2级	3级	4级	5级		
刨切	83.3	10	6.7	0	0	93.3	5	56.7	33.3	10	0	0	90	5	33.3	50	16.7	0	0	83.3	4
砂光	65	35	0	0	0	100	5	70	30	0	0	0	100	5	65	35	0	0	0	100	5
钻孔	80	20	0	0	0	100	5	100	0	0	0	0	100	5	80	20	0	0	0	100	5
开榫	60	40	0	0	0	100	5	30	53.3	16.7	0	0	83.3	4	16.7	50	33.3	0	0	66.7	3
铣削	53.3	46.7	0	0	0	100	5	25	75	0	0	0	100	5	35	50	15	0	0	85	4
车削	25	30	25	30	0	55	3	0	40	40	20	0	40	2	0	25	40	35	0	25	1

表3-11 炭化单侧表层压缩材、炭化材和未处理材粗糙度测量值

| 项目 | 炭化单侧表层压缩材 | | | 炭化材 | | | 未处理材 | | |
	均值/μm	标准差	变异系数/%	均值/μm	标准差	变异系数/%	均值/μm	标准差	变异系数/%
R_a	2.3468	0.5848	24.9197	4.6087	0.6357	13.7935	5.5745	1.4221	25.5110
R_z	14.3972	3.8554	26.7786	25.5635	4.4250	17.3098	32.4604	9.2665	28.5469
R_y	25.2693	7.9954	31.6409	32.3077	5.2057	16.1130	51.9374	19.4951	37.5357

　　由于炭化单侧表层压缩材材质较为均匀，且密度适中，因而在钻孔过程中较少出现毛刺，从而保证了加工质量。建议在钻孔工序中，采用在试样下方使用垫板的方式，控制试样未压缩区域的毛刺和崩边等缺陷。

　　如图3-20所示是炭化单侧表层压缩材铣削性能等级实物，铣削性能测试达标率为100%，高于未处理材。通过加权积分法得到炭化单侧表层压缩材、炭化材和未处理材的综合铣削性能质量等级积分分别为4.533、4.250和4.200。对照质量等级划分表可知，炭化单侧表层压缩材的铣削性能属于优秀。

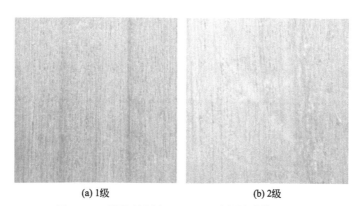

(a) 1级　　　　　　　　　　　　　　(b) 2级

图3-20　炭化单侧表层压缩材铣削性能等级实物

　　炭化单侧表层压缩材铣削性能的改善主要得益于固定回弹的热处理步骤，热处理降低了木材的横纹抗拉强度，因此更易被破坏断裂，从而降低了切削过程中刀具与木材摩擦的连续性与均匀性。炭化材的铣削性能也优于未处理材。建议在铣削工序中，保持适宜的铣削速度，防止加工过程中刀具温度过高而导致铣削表面出现灼烧的现象。

　　如图3-21所示是炭化单侧表层压缩材开榫性能等级实物，炭化单侧表层压缩材和炭化材的开榫性能测试达标率为100%，略高于未处理材。通过加权积分法得到炭化单侧表层压缩材、炭化材和未处理材的综合开榫性能质量等级积分分别为4.600、4.133和3.834。对照质量等级划分表可知，炭化单侧表层压缩材的开榫性能属于优秀。

　　在炭化单侧表层压缩材开榫性能测试中，上周缘质量明显优于下周缘，榫眼下周缘易出现毛刺、崩边等缺陷。由于压缩材仅一侧压缩，未压缩区域密度与未处理材差别不大，而开榫加工时，下周缘在贯通中所受的冲击较大，更易于产生加工缺陷。建议在榫结合时增加一道砂光工序，去除毛刺而不影响榫结合的紧密度。

　　如图3-22所示是炭化单侧表层压缩材车削性能等级实物，车削性能测

(a) 1级   (b) 2级

图 3-21　炭化单侧表层压缩材开榫性能等级实物

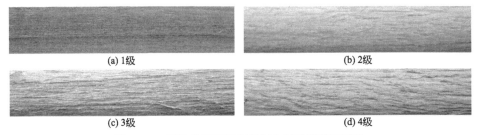

(a) 1级   (b) 2级

(c) 3级   (d) 4级

图 3-22　炭化单侧表层压缩材车削性能等级实物

试达标率为 55%，略高于炭化材和未处理材。通过加权积分法得到炭化单侧表层压缩材、炭化材和未处理材的综合车削性能质量等级积分分别为 3.200、3.200 和 2.900。对照质量等级划分表可知，炭化单侧表层压缩材的开榫性能属于良好。

炭化单侧表层压缩材的车削性能相较其他加工性能较差，是因为在车削加工中密实化层被加工的区域较小，大部分区域未被压缩，所以经车削加工后易于出现毛刺和开裂。建议单侧表层压缩材尽量避免车削加工。

由表 3-12 可知，在满分为 50 分的加工性能评价体系中，炭化单侧表层压缩材机械加工性能综合分值为 46 分，评分等级为优秀。表明炭化单侧表层压缩材是一种可用于生产高附加值产品的实木材料。在实际加工过程中，应选择适当的加工工艺，可以极大地提高生产效率及加工质量，降低生产成本。

（11）涂饰性能

木质材料表面涂饰工序是木材加工利用的必不可少工序，对木质材料表面进行涂饰不仅是对木材的一种保护，而且可以装饰和美化木材表面。经过透明装饰后，会提高木材表面光泽度，充分体现木材的纹理及其自然感，广泛应用于中高档实木家具制品中。本小节按照工业化生产操作，使用水性 UV 地板漆对单侧表层压缩材、高温热处理单侧表层压缩材和未处理材进行涂饰，按照国家标准对漆膜性能进行测试并进行等级评价，以期进一步完善单侧表层压缩木实木利用体系。

表 3-12 炭化单侧表层压缩材、炭化材和未处理材机械加工性能综合评分

测试试样	机械加工性能分值 / 分						
	刨切	砂光	钻孔	开榫	铣削	车削	总分
炭化单侧表层压缩材	10	10	5	5	10	6	46
炭化材	10	10	5	4	10	4	43
未处理材	8	10	5	3	8	2	36

如表 3-13 所示，未处理材光泽度指标最高，其中 GZL 值为 15.22%，GZT 值为 10.51%。炭化单侧表层压缩材经热处理后，光泽度略有下降，但仍略高于炭化材。明显可知，平行于木材纹理的方向上即 GZL 值均大于垂直于木材纹理的方向上即 GZT。这主要是由于表面光泽度与木材表面的反射特性联系较为紧密，当光线平行于纹理方向射向木材表面时，一部分被木材所吸收，另一部分经木材组织反射，反射光的散射程度比较小，反射较多，因此光泽度较大。当光线垂直于纹理方向入射时，由于细胞腔的直径远远小于细胞壁的长度，一部分光线在射入细胞腔时会被细胞壁内壁阻挡，因此反射光的散射程度较大，反射光能量较少，光泽度也比较低。

表 3-13 炭化单侧表层压缩材、炭化材和未处理材漆膜性能测试结果

测试试样	光泽度 /%		附着力（等级）	硬度（等级）	500r 漆膜损失量 /g
	GZL	GZT			
炭化单侧表层压缩材	14.40	9.80	0	6H	0.1630
炭化材	13.87	9.31	1	4H	0.1852
未处理材	15.22	10.51	2	3H	0.1998

漆膜附着力测试结果表明，炭化单侧表层压缩材表面漆膜割痕光滑，无一格脱落现象，漆膜附着力性能等级达到国家标准 GB/T 4893.4—2013 评定等级的 0 级。炭化材表面漆膜割痕交叉处有轻微脱落，交叉切割面积受影响处不大于 5%，漆膜附着力性能等级达评定等级的 1 级。未处理材表面漆膜割痕交叉

处有脱落，受影响的切割面积大于 5% 但小于 15%，漆膜附着力性能等级达评定等级的 2 级。实验表明，炭化单侧表层压缩材表面漆膜附着力达到《实木地板　第 1 部分：技术要求》（GB/T 15036.1—2018）优等品的规定。

漆膜硬度测试结果表明，炭化单侧表层压缩材表面漆膜在 6H 硬度铅笔下测试合格。炭化材表面漆膜在 4H 硬度铅笔下测试合格。未处理材表面漆膜在 3H 硬度铅笔下测试合格。炭化单侧表层压缩材由于基材表面密度较大，对提高漆膜硬度有一定影响。研究表明，炭化单侧表层压缩材表面漆膜硬度满足《实木地板　第 1 部分：技术要求》（GB/T 15036.1—2018）优等品的规定。

漆膜耐磨性测试结果表明，在 1000g 质量砝码，转数为 500r 条件下，炭化单侧表层压缩材漆膜损失量最小，仅为 0.1630g，且漆膜未出现露白现象，满足《实木地板　第 1 部分：技术要求》（GB/T 15036.1—2018）优等品的规定。

漆膜的渗透深度受到基材种类、涂料类型及基材与涂料结合界面状况等诸多影响，本小节通过扫描电子显微镜和能谱的共同观察，得出水性 UV 地板漆和家具漆不同于碳（C）、氧（O）的特殊元素（测定 Si、Al 元素含量），再对木材截面进行不同深度的逐层扫描，得出此特殊元素的含量，定性分析漆膜的渗透深度。

由表 3-14 和图 3-23 所示，可定性分析为水性 UV 地板漆漆膜在炭化单侧表层压缩材表面的渗透深度小于 22.5μm。

表 3-14　水性 UV 地板漆涂饰炭化单侧表层压缩材漆膜渗透深度

饰面漆种类	测定元素	含量	图 3-23（a）（漆膜）	图 3-23（b）（0 ~ 22.5μm）
水性 UV 地板漆	Si	质量分数 /%	2.38	0.02
		摩尔分数 /%	1.27	0.02
	Al	质量分数 /%	0.47	0
		摩尔分数 /%	0.26	0

表 3-15　水性家具漆涂饰炭化单侧表层压缩材漆膜渗透深度

饰面漆种类	测定元素	含量	图 3-24（a）（漆膜）	图 3-24（b）（0 ~ 14.3μm）	图 3-24（c）（14.3 ~ 28.6μm）
水性家具漆	Si	质量分数 /%	2.63	1.74	0.02
		摩尔分数 /%	1.40	0.92	0
	Al	质量分数 /%	0.52	0.41	0
		摩尔分数 /%	0.29	0.23	0

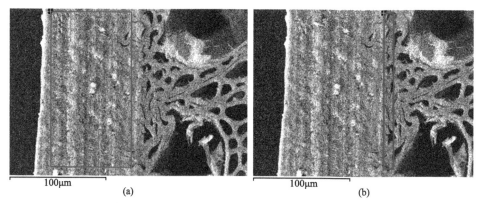

图 3-23　水性 UV 地板漆涂饰炭化单侧表层压缩材横切面能谱位置示意

由表 3-15 和图 3-24 所示，可定性分析为水性家具漆漆膜在炭化单侧表层压缩材表面的渗透深度小于 28.6μm。

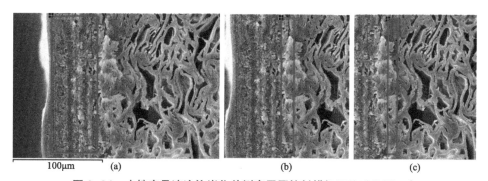

图 3-24　水性家具漆涂饰炭化单侧表层压缩材横切面能谱位置示意

由表 3-16 和图 3-25 所示，可定性分析为水性 UV 地板漆漆膜在炭化材表面的渗透深度小于 34.9μm。

表 3-16　水性 UV 地板漆涂饰炭化材漆膜渗透深度

饰面漆种类	测定元素	含量	图 3-25（a） （漆膜）	图 3-25（b） （7.0～20.9μm）	图 3-25（c） （20.9～34.9μm）
水性 UV 地板漆	Si	质量分数 /%	1.97	1.37	0.02
		摩尔分数 /%	1.06	0.73	0.01
	Al	质量分数 /%	0.21	0.46	0
		摩尔分数 /%	0.12	0.26	0

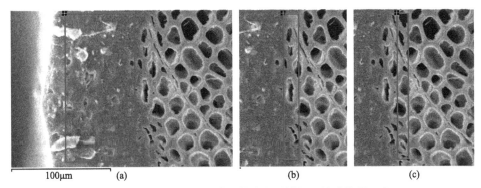

图 3-25 水性 UV 地板漆涂饰炭化材横切面能谱位置示意

由表 3-17 和图 3-26 所示,可定性分析为水性家具漆漆膜在炭化材表面的渗透深度小于 66.7μm。

表 3-17 水性家具漆涂饰炭化材漆膜渗透深度

饰面漆种类	测定元素	含量	图 3-26（a）（漆膜）	图 3-26（b）（0~31.1μm）	图 3-26（c）（31.1~66.7μm）
水性家具漆	Si	质量分数 /%	1.04	0.02	0
		摩尔分数 /%	0.49	0.01	0
	Al	质量分数 /%	0.05	0.09	0.02
		摩尔分数 /%	0.03	0.04	0.01

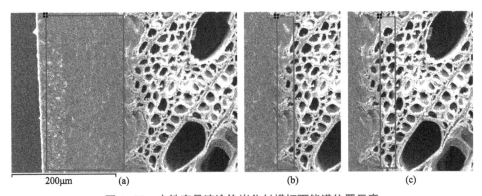

图 3-26 水性家具漆涂饰炭化材横切面能谱位置示意

由表 3-18 和图 3-27 所示,可定性分析为水性 UV 地板漆漆膜在未处理材表面的渗透深度小于 34.1μm。

表 3-18 水性 UV 地板漆涂饰未处理材漆膜渗透深度

饰面漆种类	测定元素	含量	图 3-27（a）（漆膜）	图 3-27（b）（0～13.6μm）	图 3-27（c）（13.6～34.1μm）
水性 UV 地板漆	Si	质量分数 /%	1.84	1.58	0.01
		摩尔分数 /%	0.97	0.84	0.11
	Al	质量分数 /%	0.35	0.30	0
		摩尔分数 /%	0.20	0.17	0

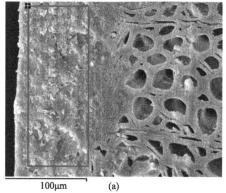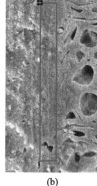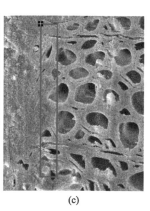

100μm   (a)   (b)   (c)

图 3-27 水性 UV 地板漆涂饰未处理材横切面能谱位置示意

由表 3-19 和图 3-28 所示，可定性分析为水性家具漆漆膜在未处理材表面的渗透深度小于 71.4μm。

综上可知，水性家具漆在三种材料上的漆膜渗透深度大于水性 UV 地板漆，而炭化单侧表层压缩木由于表面密实化程度较高，表面密度较大，两种涂料的渗透深度均小于炭化材和未处理材。

表 3-19 水性家具漆涂饰未处理材漆膜渗透深度

饰面漆种类	测定元素	含量	图 3-28（a）（漆膜）	图 3-28（b）（0～33.3μm）	图 3-28（c）（33.3～71.4μm）
水性家具漆	Si	质量分数 /%	0.90	0.02	0
		摩尔分数 /%	0.42	0.01	0
	Al	质量分数 /%	0.10	0.11	0.02
		摩尔分数 /%	0.05	0.05	0.01

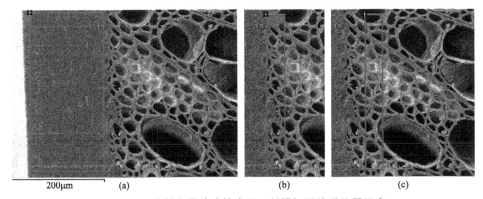

200μm　　　(a)　　　　　　　　(b)　　　　　　　(c)

图 3-28　水性家具漆涂饰未处理材横切面能谱位置示意

3.4　本章结论

本章以速生人工林杨木作为研究对象，进行单侧表层压缩木的结构优化设计，采用非对称加热热压法制备单侧表层压缩木。通过控制热压温度、预热时间和闭合时间等热压成型工艺参数，制备一系列具有不同结构特征的单侧表层压缩木，探明了单侧表层压缩木的有效密实层的形成条件，分析了单侧表层压缩的 VDP 曲线、物理力学性能、机械加工性能及表面涂饰性能。通过以上研究，本章主要得到以下的结论。

① 热压工艺参数的闭合时间对单侧表层压缩木的密度峰值和有效密实层的厚度具有显著的影响，进而显著影响表面硬度；而预热时间则对有效密实层的位置具有显著的影响，进而显著影响表面硬度和冲击性能。在木材热压过程中，木材经过预热处理可以使有效密实层的位置远离被压缩表面，且可以最大限度保留未压缩层的细胞壁的完整性。

② 在载荷作用于密实层时，有效密实层的位置对表面硬度和抗落球冲击性能具有显著影响；而有效密实层的厚度仅对表面硬度具有显著的影响，对抗落球冲击性能并无显著的影响。在 DLU 测试模式下，有效密实层的位置对 MOR 值没有显著的影响，而有效密实层的厚度对 MOR 值具有显著的影响；在 DLD 的测试模式下，有效密实层的厚度和位置对 MOR 值并无显著性的影响。非对称结构的单侧表层压缩木在弯曲荷载作用下的失效模式取决于外部面荷载作用的加载面。

③ 单侧表层压缩木的密实层和未压缩层呈现出不同的动态吸湿和解吸行

为，主要是因为压缩层的细胞壁孔隙及管胞腔体被压缩密实，阻碍了水分子传输，水分子在毛细管内部的张力减弱。单侧表层压缩木经过双侧表层高温热处理，未压缩热处理层和密实热处理层由于发生了热降解，木材的吸湿位点减少，呈现较低的吸湿和解吸平衡含水率。而心层由于未受到严重的热降解影响，仍表现出较高的吸湿和解吸平衡含水率，其吸湿滞后系数与对照材的未压缩层的吸湿滞后系数相接近。单侧表层压缩木经过双侧表层高温热处理，未压缩热处理层和密实热处理层的热降解程度随着热处理温度和时间的增加而加大，导致表层热处理材的吸水和吸湿厚度膨胀率及回弹率呈现出显著减小的变化趋势。在热处理温度为220℃、热处理时间大于20min时，单侧表层压缩木的密实层的压缩应力得到有效释放，可获得瓦弯度较低的表层热处理单侧表层压缩木。

④ 在满分为50分的加工性能评价体系中，炭化表层单侧压缩材机械加工性能综合分值为46分，评分等级为优秀。炭化表层单侧压缩材的涂饰性能良好，漆膜附着力、硬度和耐磨性均达到《实木地板　第1部分：技术要求》（GB/T 15036.1—2018）中优等品的规定。表明炭化表层单侧压缩材是一种可用于生产高附加值产品的实木材料。

| 第 4 章 |

低含水率制备整体压缩木技术

随着木质材料加工产业的快速发展和人们对木材产品需求量的不断增长，我国木材消耗量大幅度增加，对外依存度长期超过 50% 的安全警戒线。而世界各国加大了天然林商业性采伐的限制，进一步加剧我国的木材供需矛盾。对此，《国家储备林建设规划（2018 ~ 2035 年）》明确指出将通过人工林栽培等措施，到 2035 年实现一般用材基本自给，因此扩大速生材的应用范围将成为我国林业经济发展的重要支撑。然而，我国蓄积量丰富的杨木、杉木和松木等软质速生材存在材质疏松、机械强度低和尺寸稳定性差的不足，极大地限制了其应用范围。为了克服软质速生木材的这些不足，进一步提高速生软质木材的利用价值，人们采用了多种改性方法对生木材进行改性处理，主要包括热改性法（如木材压缩、热处理）、化学改性法（如乙酰化和糠醛化）和表面涂层法。其中，木材压缩法由于不添加任何化学物质，只使用热和 / 或水，是更加环保和经济的木材改性方法。此外，木材的黏弹性和多孔结构使其易于压缩，从而达到密实的层压结构。根据致密木材的实际应用，在热压参数的特定组合下，可以通过木材压缩技术开发表层致密化和整体致密化木材。由于表层致密化木材的高表面硬度特性，可用于非结构材料领域，如屋顶、墙面和桌面。与表层致密材相比，整体致密化木材在压缩方向密度分布均匀，具有良好的抗弯强度和硬度。

如何在木材的压缩方向上实现密度均匀分布是木材整体密实化的关键技术。有研究表明，木材内部的水分含量和温度分布是决定木材细胞壁热塑性的两个关键因素。提高木材含水率、延长预热时间、提高热压温度是提高木材内层细胞壁塑化效果的有效方法。然而，这种致密化过程依赖于耗时和耗能的预热处理，这意味着压缩木材的潜在优势与改进的机械强度失去了。此外，在高含水率下，对木材进行整体压缩存在起泡、爆破、变形、压缩方向密度分布不均匀等缺陷，严重阻碍了木材产品的工业化应用。因此，将木材含水率控制在 3% ～ 5%，有助于提高整体压缩材的质量。另外更好地理解不同热压参数下与木材软化行为相关的传热传质规律和黏弹性性能，对于提高木材压缩过程的效率和整体压缩材的质量至关重要。然而，当前对低含水率下的木材整体致密过程中传热传质的研究还很少。

众所周知，整体压缩材的主要缺点是存在"形状记忆"，其中密实层产生的木材细胞壁变形不是永久性的，如何使整体压缩木材具有良好的尺寸稳定性非常关键，因此人们对如何防止整体压缩木材的压缩回弹开展了许多研究：如 Welzbache 等研究了油热处理工艺的各种工艺参数对压缩木材膨胀性能的影响，结果表明在 200℃以上的热处理温度下，油热处理木材的压缩回弹几乎被消除；Li 等认为热处理温度和致密化温度对压缩木材的压缩回弹有显著影响，而致密化时间的影响很小；Wehsener 等采用致密化和热处理相结合的工艺来补偿热处理后力学性能的下降，结果表明，处理后的木材力学性能保持不变，且材料具有较高的稳定性。这些研究结果表明，高温热处理方法是提高木材尺寸稳定性的有效方法。因此通过整体压缩和高温热处理相结合的方法对软质速生木材进行改性，由于尺寸稳定性和表面硬度具有优异性能，特别适合实木地板应用。

本章以低含水率（3% ～ 5%）的杨木为研究对象，利用 COMSOL Multiphysics 软件模拟木材的整体压缩的预热阶段传热传质过程，预测木材达到软化点的时间，首先进行整体压缩致密化过程的压缩；在此之后，为了降低整体压缩木材的压缩回弹，对致密的木材试件进行高温热处理。通过对处理后木材的密度分布、尺寸稳定性、力学性能和动态黏弹性的评价，得出最适宜的木材整体压缩和热处理工艺参数。

4.1 整体压缩致密过程中预热的数值模拟

4.1.1 模型建立与求解方法

木材样品的几何形状及其相应的截面如图 4-1 所示。实际生产中，木材样品的纵向尺寸远大于径向尺寸和弦向尺寸。因此，木材样品的传热传质可以简化为截面的二维模型（ABCD），模型的传热传质控制方程以及边界条件和初始条件详见第 2 章热质迁移机理的描述。

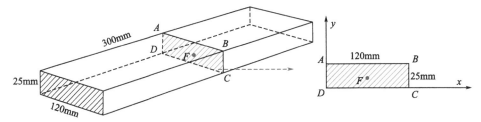

图 4-1　木材样品的几何形状及其相应的截面（ABCD）

根据实验的测量结果并参考有关文献，模拟中用到的参数如表 4-1 所示。由于木材的热导率具有各向异性，且随热板温度的变化而变化，当温度低于 100℃时低含水率杨木的径向和弦向热导率分别用如下方程计算。

$$k_x=0.12\times\frac{1-(1.1-0.98\rho_0)\times(298.15-T)}{100}\qquad(4\text{-}1)$$

$$k_y=0.13\times\frac{1-(1.1-0.98\rho_0)\times(298.15-T)}{100}\qquad(4\text{-}2)$$

式中，k_x、k_y 分别为 x、y 方向的热导率；ρ_0 为木材密度（460kg/m³）。

利用 COMSOL Multiphysics 软件，根据表 4-1 所示参数对二维传热传质模型进行求解。

表 4-1　整体压缩致密过程预热阶段的模拟参数

参数名称	参数表达式	参数值
空气温度 /℃	T_{air}	35
木材初始温度 /℃	T_0	25
热平板温度 /℃	T_p	160，170，180
木材密度 /（kg/m³）	ρ	460
水蒸气的摩尔潜热 /（J/mol）	γ	41400
传热系数 /[W/(m²·K)]	h	15
木材初始含水率 /（mol/m³）	c_0	1278
空气中水分浓度 /（mol/m³）	c_{dm}	766
水分电导率 /[kg/(m·s)]	k_m	1.29×10^{-9}
质量单位传质系数 /[kg/(m²·s)]	h_m	1.67×10^{-6}
比热容 /[kJ/(kg·K)]	c_p	1.5

4.1.2　模型验证方法

（1）材料制备

以毛白杨（*Populus tomentosa* Carr.）为试验材料，产自河南驻马店。平均树龄 10 年，平均树高 18m，平均胸径 25cm，平均气干密度 460kg/m³。首先从原木制备尺寸为 350mm×120mm×25mm（纵向 × 弦向 × 切向）的木材样品，在 70℃的鼓风干燥箱中调整含水率至 3%～5%。然后将木材样品用塑料薄膜包裹，冷却至室温，进行整体压缩致密化处理。采用热导率分析仪（TC3100，夏西电子科技有限公司）测定制备木材样品的径向和切向热导率平均值分别为 0.13W/(m·K) 和 0.12W/(m·K)。再将这些木材样品平均分为四组（每组 20 个木材样品），其中一组作为对照组（未改性杨木），另外三组用于制作整体压缩木材样品。

（2）实验方法

木材样品整体压缩致密化过程在热压机上进行，热压机由电加热模块和水冷模块组成。压机的上下热压板同时被加热到设定的温度值（160℃、170℃、180℃）。随后，将制备好的木材样品直接放在下热压板上，然后立即关闭压机，直到木材样品的上表面与上压板接触。对木材样品进行高温加热，预热至木材中心温度达到约 120℃后将木材样品沿弦向方向压缩至 19mm 的目标厚度，最大压力约为 7MPa。随后将压机压力调至 2.7MPa，直至内层木材温度降至 60℃，以降低整体压缩木材的压缩回弹率。对于每个温度组，在样品的中心（F 点）放置一个温度传感器（Pt100）来测量预热过程中的温度，以验证预热过程数值模拟模型的有效性。

4.1.3　模型验证结果

截面（*ABCD*）温度分布模拟结果如图 4-2 所示，从图中可以看出，预热时间 300s 或 600s 时木材试件内部同样位置温度随热压板温度增加而增加。这一结果表明，热压板温度升高可以有效促进木材内部吸热，使木材内部细胞壁达到更好的软化效果，从而提高内层细胞壁的热塑化程度，但如果温度高于 200℃通常会导致半纤维素的降解。在含水率约为 5% 时，木质素玻璃化转变温度（T_g）约为 120℃。对于边界（*AD* 和 *BC*）中间点，当热板温度从 160℃升高到 180 ℃时，这两个点的温度没有明显变化（图 4-2），由于边界上发生了对流换热和传质，需要消耗更多的能量来补偿整体压缩致密过程中的热量损失。对于木材中心位置（图中 F 点）的温度，在预热时间 300s 内无法达到木质素玻璃化温度 T_g［图 4-2（a）、（c）、（e）］，细胞壁仍然具有较大的刚度；

当预热时间到 600s 时，木材试件大部分区域温度都已高于木质素的玻璃化转化温度，此时木材处于黏弹性状态［图 4-2（b）、（d）、（f）］，因此增加预热时间可以提高内部木材细胞壁的热塑化效果，当心层位置 F 点温度达到木质素的 T_g 时，木材的大部分区域处于黏弹性状态，此时可以开始进行整体压缩致密化过程。

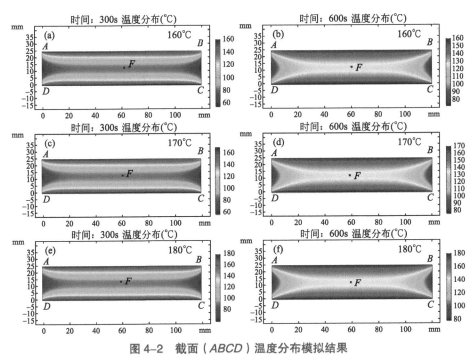

图 4-2　截面（ABCD）温度分布模拟结果

（a）、（c）、（e）分别对应于在 300s 预热时间下热板温度为 160℃、170℃、180℃时的截面（ABCD）内的温度分布模拟结果；（b）、（d）、（f）分别对应在 600s 预热时间下，热压板温度分别为 160℃、170℃、180℃

为了验证数值模拟结果的有效性，将模拟结果与实验数据进行了比较。F 点温度随预热时间变化模拟值和实验结果对照如图 4-3 所示。由模拟结果可知，对应的热压板温度分别为 160℃、170℃和 180℃［图 4-3（b）］，F 点达到玻璃化转变温度（T_g=120℃）的预热时间分别约为 450s、420s 和 361s。提高热压板温度有助于缩短预热时间，从而进一步提高整体压缩木的生产效率。另外，如图 4-3（a）和（b）所示，模拟值与实验值的两条曲线完全重叠，模拟结果与实际值一致。当热压板温度为 180℃时，在 100～600s 的预热时间内，模拟值略高于实测值，这可能是由于测量误差造成的，但相关系数为 0.96［图 4-3（c）］，模拟结果随时间的变化趋势与实测值一致，说明模型能有效预测木材整体压缩致密过程预热阶段内部温度随时间的变化规律。因此，该理论模型

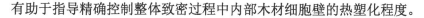

有助于指导精确控制整体致密过程中内部木材细胞壁的热塑化程度。

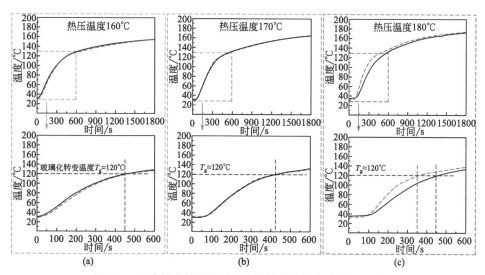

图 4-3　F 点温度随预热时间变化的模拟值和实验结果对照

分别对应于热压板温度为 160℃、170℃、180℃时的（a）、（b）、（c）
——F 点温度实测值；-----F 点温度模拟值

4.2　整体压缩木材制备

4.2.1　材料制备

　　以毛白杨（*Populus tomentosa* Carr.）为试验材料，产自河南驻马店。平均树龄 10 年，平均树高 18m，平均胸径 25cm，平均气干密度 460kg/m³。首先从原木制备尺寸为 350mm×120mm×25mm（纵向 × 弦向 × 切向）的木材样品，在 70℃的鼓风干燥箱中调整含水率至 3% ～ 5%。然后将木材样品用塑料薄膜包裹，冷却至室温，进行整体压缩致密化处理。将这些木材样品平均分为四组（每组 20 个木材样品），其中一组作为对照组（未改性杨木），另外三组用于制作整体压缩木材样品。采用热处理工艺对木材样品进行热处理，制备热处理后的整体压缩木材样品。

4.2.2　整体压缩致密化过程

　　木材样品整体压缩致密化过程在热压机上进行，热压机由电加热模块和水冷模块组成，如图 4-4（a）所示。压机的上下热压板同时被加热到设定的温度值（160℃、170℃、180℃）。随后，将制备好的木材样品直接放在下热压板上，然后立即关闭压机，直到木材样品的上表面与上压板接触。对木材样品进行高温加热，预热至木材中心温度达到约120℃后将木材样品沿弦向方向压缩至19mm的目标厚度，最大压力约为7MPa。随后将压机压力调至2.7MPa，直至内层木材温度降至60℃，以降低整体压缩木材的压缩回弹率。

4.2.3　热处理工艺

如图4-4所示，整体压缩木材的高温热处理是在实验室条件下的小型木材热处理箱内进行的。根据芬兰Thermo木材协会发布的《热处理木材手册》，室内常用的热处理木材的热处理温度为180～200℃。因此，本实验选择了3个温度（180℃、190℃、200℃）和不同的处理时间（2h、3h、4h）对整体压缩木材样品进行热处理。整体压缩木材的热处理工艺曲线如图4-5所示。

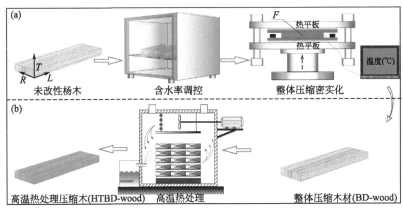

图4-4　整体压缩木制备（a）和热处理（b）原理图

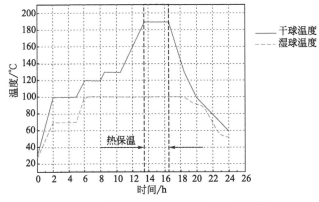

图4-5　整体压缩木材的热处理工艺曲线

4.3 整体压缩木材性能表征方法

（1）剖面密度测量

制作尺寸为 50mm×50mm×19mm（纵向 × 弦向 × 切向）的木材试件，将其置于温度 20℃、相对湿度 65% 的恒温恒湿箱中，放置至少 4 周。木材样品的 VDP 测试是在 X 射线密度仪（DPX-300LT，IMAL，意大利）上进行的，扫描间隔为 0.05mm，每组 5 个重复样本进行检测。

（2）扫描电镜表征

用扫描电子显微镜（SEM，EVO 18，Carl Zeiss，德国）对试件进行扫描观察。使用 248nm KrF 准分子激光器（Lambda Physik LPXPro305，德国）切割用于扫描电镜观察样品横切面，然后在制备的试件上涂上一层薄的金层，进行 SEM 观察。

（3）尺寸稳定性和力学性能测量

将未处理杨木、整体压缩杨木制备成 20mm×19mm×20mm（纵向 × 弦向 × 切向）的试件。将所有制备好的试件放入温度 30℃、相对湿度 45% 的恒温恒湿箱中，直至试件重量恒定，测量每个试件的尺寸 L_1，精度为 0.001mm。然后将恒温恒湿箱的相对湿度调整到 90%，所有试件在相同的温度下，直到重量再次保持不变。测量每个试件的尺寸 L_2。采用式（4-3）计算木材样品在压缩方向的厚度膨胀（TS），每组 12 个重复样品，计算其平均值和相应的标准差。

$$TS = \frac{L_2 - L_1}{L_1} \times 100\% \qquad (4-3)$$

将未处理材和整体压缩材制备成 50mm×50mm×19mm（纵向 × 弦向 × 切向）的木材试件并用于表面硬度测试，制备成 300mm×20mm×19mm（纵向 × 弦向 × 切向）的木材试件用于弹性模量（MOE）测试。力学性能测试方法根据 ISO 13061-12：2017 标准和 GB/T 1936.2—2009 标准，在万能力学试验机（深圳三思 UTM5504）上对木材试件进行表面硬度和 MOE 测试，每组 10 个重复样本进行检测，并计算其平均值和相应的标准差。

（4）动态黏弹性测试

将热处理后的整体压缩木制备成 60mm×8mm×2mm（纵向 × 弦向 × 切向）的试件，并用于动态黏弹性试验。在多频可控应变模态下，采用温度扫描法测定木材样品的动态黏弹性，其试验的参数列于表 4-2，每组测量 3 个重复样本。

表 4-2 动态黏弹性试验参数。

参数	范围
温度范围 /℃	27 ~ 220
升温速率 / (℃ /min)	5
测试频率 /Hz	1、10、50
测试模式	双悬臂弯曲模式
跨度 /mm	32
振幅 /mm	40
动力 /N	6
比例因子	1.2

（5）机械加工性能

用于做机械加工性能的整体压缩板材，后期热处理工艺选取上文中的处理温度 190℃，处理时间 2h。机械加工性能测试要求参照 3.3.2 中（5）的要求。

（6）涂饰性能

在经砂光工序后，板材按照相关要求进行涂饰，并测量相关涂饰性能。

4.4 整体压缩木材性能分析

4.4.1 剖面密度和微观结构

未改性杨木和整体压缩杨木的 VDP 及 SEM 如图 4-6 所示。从图 4-6（a）看出未压缩材在厚度方向上的密度分布均匀。经整体压缩密实化处理后，压缩木样品的密度明显高于未改性杨木 [图 4-6（b）~（d）]。从图 4-6（b）~（d）所示的整体压缩木材样品 SEM 图可以看出，导管细胞壁向压缩方向变形，胞腔体积明显减小。然而，木纤维细胞壁的变形较小，Li 等的研究也发现了类似的结果：细胞腔体体积的减小是导致细胞密度增加的主要原因。此外，木材的细胞壁没有受到破坏，仍然保持原有的完整性，说明在整体压缩致密过程中，内层的细胞壁大部分发生了热软化，因此，胞腔的致密化和细胞壁的完整性保证了整体压缩木材力学性能的改善。

对比图中结果发现压缩温度对木材的密度分布有显著影响：在 160℃、

170℃和180℃压缩条件下，整体压缩木材的平均密度比未压缩杨木（467kg/m³）分别提高了 39.5%、30.3% 和 29.5%。当压缩温度为 160 ℃时，木材内部的密度高于表层的密度［图 4-6（b）］；随着压缩温度提高到 180 ℃，木材表层的密度高于内部的密度。但压缩温度为 170 ℃时，压缩木密度分布非常均匀，可见通过调整压缩工艺（温度和时间）能产生密度均匀分布的整体压缩木。

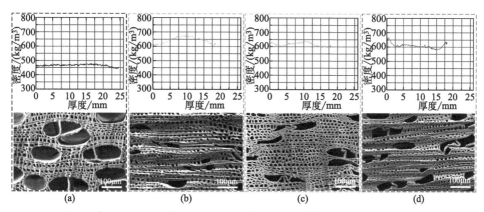

图 4-6 在 160 ℃（b）、170 ℃（c）和 180 ℃（d）下压缩的未改性杨木（a）和整体压缩木（b）的 VDP 及 SEM 显微图

4.4.2 尺寸稳定性和力学性能

如图 4-7（a）所示为未改性杨木和整体压缩木在 160 ℃、170 ℃和 180 ℃压缩后的厚度膨胀对比结果。从图中可以看出，经过整体压缩密实化的杨木厚度膨胀率显著增加，达到最大值 27.6%（BD-180），是未处理杨木厚度膨胀率（4.1%）的 6.7 倍，压缩温度对厚度膨胀的影响较小。对比结果表明，整体压缩木的尺寸稳定性较低，不能直接用于实木地板、桌面等木制品的制作，需进一步进行后处理。未处理杨木和整体压缩杨木的表面硬度和 MOE 如图 4-7（b）和（c）所示，对比发现经整体致密化后，木材的表面硬度和 MOE 均明显高于未处理材；BD-180 木材的表面硬度为 4.31kN，是未处理材（2.66kN）的 1.6 倍，与通常用于实木地板的硬木品种相当；BD-180 木材的 MOE 值为 7892MPa，该值是未处理材（5978MPa）的 1.3 倍。木材密度的提高是木材力学性能提高的主要原因，通过压缩技术提高木材密度的一个关键挑战是固定木材细胞壁的变形，已有的研究表明实施热处理是防止木材压缩变形恢复的有效方法之一。

在此基础上，对 BD-180 木材进行了高温热处理，进一步评价了高温热处理对其尺寸稳定性和力学性能的影响。如图 4-7（a）所示为 180℃、190℃和

200℃处理温度下高温热处理压缩材（HTBD-wood）的厚度膨胀对比结果（标记为 HTBD-180-180、HTBD-180-190 和 HTBD-180-200）。从图中可以得出随着高温热处理温度的升高和处理时间的延长，HTBD 木材的厚度膨胀减小；当热处理时间为 4h 时，HTBD-180-200 木材的厚度膨胀值最低，为 1.58%，远低于 BD-180 木材和未处理材。这可能是由于木材热处理过程中半纤维素和纤维素的热降解，以及储存在致密细胞壁微纤维中的残余应力的释放导致的。HTBD- 木材的表面硬度和 MOE 分别如图 4-7（e）和（f）所示，结果表明高温热处理后，HTBD- 木材的表面硬度随着热处理温度的升高和处理时间的延长而逐渐降低；经过 4h 处理的 HTBD-180-200 木材的表面硬度最低，为 2.68kN，该值与未处理材相当，这意味着 HTBD-180-200 木材具有高表面硬度的潜在优势消失了。然而，随着处理温度的升高和处理时间的延长，HTBD 木材的 MOE 逐渐增加；当热处理温度达到 200℃时，MOE 随着热处理时间的增加略有下降［图 4-7（f）］；当处理时间为 2h 时，HTBD-180-200 木材的 MOE 最高，为 8719MPa，略高于 BD-180 木材，这可能是由于热处理后木材吸附性能的改善和木材细胞壁刚度的增加导致的结果。在 Cermak 等的研究中也发现了类似的结果。以上研究结果表明通过优化处理温度和时间，在保持机械强度的同时，可以获得具有良好尺寸稳定性的 HTBD 木材。

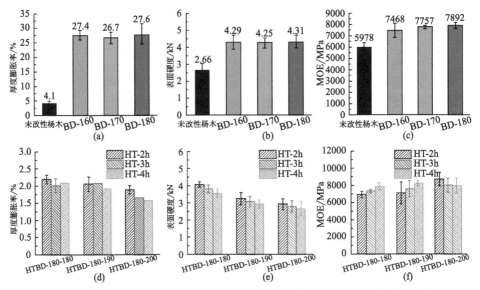

图 4-7　未改性杨木、整体压缩杨木和 HTBD 木的尺寸稳定性及力学性能

（a）表示未改性杨木和 BD 木的厚度膨胀；（b）和（c）表示未改性杨木和 BD 木的表面硬度及 MOE 比较；

（d）表示 HTBD- 木材的厚度膨胀率；（e）表示 HTBD- 木材的表面硬度；（f）表示 HTBD- 木材的 MOE

4.4.3 动态黏弹性性质

在木材产品的实际应用中，高温处理 BD 木（HTBD- 木材）的产品质量和使用寿命一般受其分子结构的影响。仅依靠传统的木材静态测试无法准确评价其在动态载荷下的力学性能。因此，对处理后木材的动态黏弹性性能进行测试是必要的，这也有助于获得最佳的热处理温度和热处理时间。如图 4-8（a）～（c）所示为未处理杨木和 HTDB- 木材在 1Hz 频率下随温度变化的动态黏弹性性能（包括存储模量 E'、损耗模量 E'' 和损耗因子 $\tan\delta$）。木材的 E' 随着测试温度的升高而降低 [图 4-8（a）]，这可能是由于木材材料的软化导致的。如图 4-8（a）所示，E' 随温度的变化行为可以分为四个阶段：玻璃态阶段（AB 区），E' 量级缓慢下降；玻璃态转变阶段（BC 区），样品由玻璃态向橡胶态转变，E' 值随温度升高呈线性减小；橡胶态阶段（CD 区域），E' 值随温度升高略有变化；黏性流态阶段（DE 区域），当温度高于 185℃时，E' 量级迅速减小。与未处理材相比 [图 4-8（a）]，HTBD- 木材样品在玻璃化区域的存储模量 E' 有显著提高，这与 MOE 的上述结果 [图 4-7（f）] 一致。这些结果表明，热处理后的木材的刚度明显提高，说明木材细胞壁结构稳定，分子链迁移率较低。但当高温处理温度升高至 200℃时，E' 值随着热处理时间的增加而减小，这可能是由于木材构件在高温下的热降解所致。从 MOE 中观察到类似的结果，如图 4-7（f）所示。这是因为在高温下，半纤维素、木质素和纤维素之间的连接被破坏，半纤维素和纤维素之间的连接点数量减少，导致细胞间层被裂解，因此 MOE 和储能模量下降。这些结果表明，HTBD- 木材样品存在一个最佳处理时间和温度，保持较高的 E' 值。通过对比，HTBD- 木材样品测量结果发现最佳热处理温度为 190℃，热处理时间为 3h，经过这种工艺热处理后的 HTBD- 木材即使在橡胶状态区域也保持高 E'。

木材的损耗模量 E'' 属于黏性响应，一般表示耗散能。如图 4-8（b）所示，除了三种 HTBD- 木材样品（分别在 180℃处理 2h、180℃处理 4h 和 190℃处理 2h）外，HTBD- 木材样品的损耗模量 E'' 均高于未处理材样品。结果表明，热处理后的 HTBD- 木材的黏度和塑性均有所提高。通过对 HTBD- 木材样品的 E'' 值进行比较，发现在 190℃、3h 处理的木材样品的 E'' 值较高。动态弹性模量中损耗因子 $\tan\delta$ 表示损耗模量 E'' 与储存模量 E' 的比值。未处理杨木和 HTBD 木样品的损耗因子 - 温度曲线如图 4-8（c）所示，从图中可以看出所有木材的 $\tan\delta$ 均随测试温度的升高而增加，这可能是由于温度升高时分子运动引起的；对于 HTBD- 木材，从图 4-8（c）中可以观察到大约 110℃时损耗因子 $\tan\delta$ 的峰值，这与木质素的热软化相对应；在 190℃下处理 3h 的 HTBD- 木

材与其他处理木材相比，其损失因子 tanδ 在 90 ～ 220℃ 范围内最低，表明在
190℃、3h 条件下处理的 HTBD 木制品的阻尼最低，使用寿命最长。

基于上述讨论，很明显，HTBD- 木材在高温处理温度 190℃、处理 3h 表
现出最高的储能模量 E'' 和最低的损耗因子 tanδ，说明该工艺下的 HTBD- 木材
比普通木材和其他处理材样品有更稳定的细胞壁结构。为了进一步研究频率对
储能模量 E' 的影响，对 HTBD- 木材在不同频率下的储存模量 E' 进行了测量，
结果如图 4-8（d）所示，在每个频率下，HTDB- 木材的储存模量下降如下：
$E'_{190℃}$（红线）$>E'_{200℃}$（绿线）$>E'_{180℃}$（蓝线）和 $E'_{未处理材}$（黑线）［图 4-8（d）］。
通过对 HTBD- 木材的 E' 值进行比较，发现在 190℃、3h 条件下 HTBD- 木材
在玻璃态时期 E' 值最高；频率对未处理材和 HTBD- 木材的 E' 影响较小，曲
线几乎重合［图 4-8（d）］，在之前的研究中也发现了类似的结果，未处理杨
木的 E' 与频率无关。

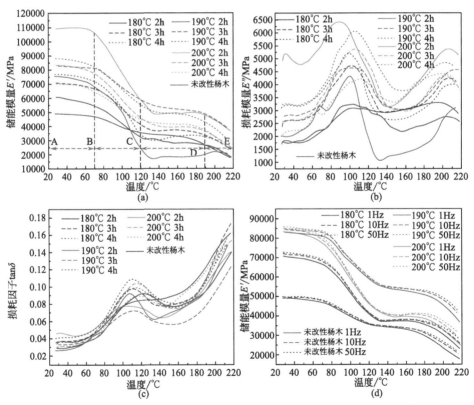

图 4-8　未处理杨木和 HTBD 木材在恒定频率 1Hz 下的储能模量 E'（a）、损耗模量 E''（b）、
损耗因子 tanδ（c）以及未处理杨木和 HTBD 木材（不同温度处理 3h）在不同频率下的存
储模量 E'（d）

4.4.4　机械加工性能

表 4-3 是整体压缩材、炭化材和未处理材机械加工性能等级。由表 4-3 可知，整体压缩材机械加工性能等级与炭化材和未处理材相比有一定提升，各项加工性能等级均在 3 级以上。

整体压缩材、炭化材和未处理材的刨切性能达标率分别为 100%、90% 和 83.3%，整体压缩材刨切性能较优，比未处理材提高了一个等级。通过加权积分法得到整体压缩材、炭化材和未处理材的综合刨切性能质量等级积分分别为 4.875、4.467 和 4.166。对照质量等级划分表可知，整体压缩材的刨切性能属于优秀。在刨切加工过程中出现的主要缺陷为削片压痕，而在经过砂光程序之后此类缺陷均可解决。由于热压之后木材密度有所增加，木材整体上密度差异降低。在满足使用要求的情况下，不易出现单侧表层压缩材的变形问题，所以可以适当减少整体压缩材的后期加工工序。

试样刨切性能等级实物如图 4-9 所示。

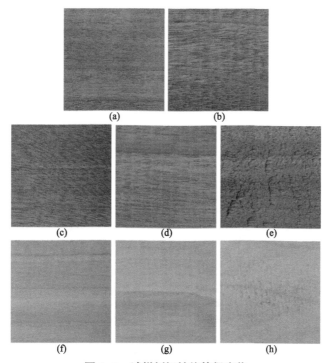

图 4-9　试样刨切性能等级实物

第一行为整体压缩材，其中（a）为 1 级，（b）为 2 级；

第二行为炭化材，其中（c）为 1 级，（d）为 2 级，（e）为 3 级；

第三行为未处理材，其中（f）为 1 级，（g）为 2 级，（h）为 3 级

4.4.5　砂光性能测试

整体压缩材、炭化材和未处理材的砂光性能达标率均为100%，但整体压缩材中1级比例占75%，1级占比多于炭化材和未处理材，砂光性能较优。通过加权积分法得到整体压缩材、炭化材和未处理材的综合砂光性能质量等级积分分别为4.750、4.700和4.650。对照质量等级划分表可知，整体压缩材的砂光性能属于优秀。

表4-4是整体压缩材、炭化材和未处理材粗糙度测量值，经砂光加工后，整体压缩材表面粗糙度指标与炭化材相差不大。这主要是由于整体压缩工艺导致的，板材整体压缩时，板材整体密度变化均匀，不同于单侧表层压缩材其致密层集中在表层。所以整体压缩材表面粗糙度并不会像单层表层压缩材那样显著降低。而也并非表面粗糙度越小越好，合适的表面粗糙度会提高板材涂饰阶段的漆膜性能。整体压缩材的刨切性能优良，故减少了砂光工序负担，在经过1～2次细砂后可以进行涂漆工序。

试样砂光性能等级实物如图4-10所示。

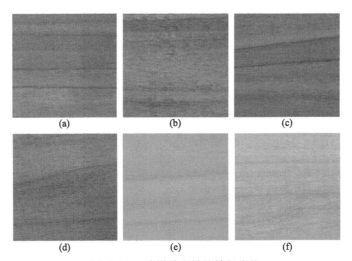

(a)　　　　　(b)　　　　　(c)

(d)　　　　　(e)　　　　　(f)

图4-10　试样砂光性能等级实物

第一行为整体压缩材，其中（a）为1级，（b）为2级；
第二行为炭化材，其中（c）为1级，（d）为2级；
第三行为未处理材，其中（e）为1级，（f）为2级

4.4.6　钻孔性能测试

整体压缩材、炭化材和未处理材的钻孔性能测试达标率均为100%，但整体压缩材的1级等级占比达100%，与炭化材占比相当但远高于未处理材。通

表 4-3 整体压缩材、炭化材和未处理材机械加工性能等级

测试性能	整体压缩材							炭化材							未处理材						
	试样等级比例/%					达标等级/%	质量等级	试样等级比例/%					达标等级/%	质量等级	试样等级比例/%					达标等级/%	质量等级
	1级	2级	3级	4级	5级			1级	2级	3级	4级	5级			1级	2级	3级	4级	5级		
刨切	87.5	12.5	0	0	0	100	5	56.7	33.3	10	0	0	90	5	33.3	50	16.7	0	0	83.3	4
砂光	75	25	0	0	0	100	5	70	30	0	0	0	100	5	65	35	0	0	0	100	5
钻孔	100	0	0	0	0	100	5	100	0	0	0	0	100	5	80	20	0	0	0	100	5
开槽	56.7	30	13.3	0	0	86.7	4	30	53.3	16.7	0	0	83.3	4	16.7	50	33.3	0	0	66.7	3
铣削	66.7	33.3	0	0	0	100	5	25	75	0	0	0	100	5	35	50	15	0	0	85	4
车削	0	55	35	10	0	55	3	0	40	40	20	0	40	2	0	25	40	35	0	25	1

表 4-4 整体压缩材、炭化材和未处理材粗糙度测量值

项目	整体压缩材			炭化材			未处理材		
	均值/μm	标准差	变异系数/%	均值/μm	标准差	变异系数/%	均值/μm	标准差	变异系数/%
R_a	5.0199	0.8913	17.7545	4.6087	0.6357	13.7935	5.5745	1.4221	25.5110
R_z	28.0400	4.8773	17.3940	25.5635	4.4250	17.3098	32.4604	9.2665	28.5469
R_y	36.6847	7.8769	21.4719	32.3077	5.2057	16.1130	51.9374	19.4951	37.5357

过加权积分法得到整体压缩材、炭化材和未处理材的综合钻孔性能质量等级积分分别为 5.000、5.000 和 4.800。对照质量等级划分表可知，整体压缩材的钻孔性能属于优秀。

由于整体压缩材材质较为均匀，且密度适中，经热处理后木材横纹和顺纹抗拉强度降低，因而在钻孔过程中较少出现毛刺，从而保证了加工质量。建议在钻孔工序中，采用在试样下方使用垫板，防止出现毛刺和崩边等缺陷，提高生产过程中整体压缩材的钻孔加工质量。

试样钻孔性能等级实物如图 4-11 所示。

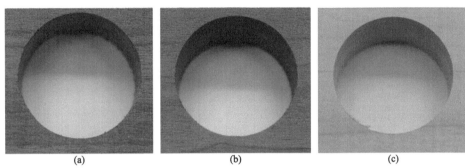

(a)　　　　　　　　(b)　　　　　　　　(c)

图 4-11　试样钻孔性能等级实物

（a）为整体压缩材 1 级；（b）为炭化材 1 级；（c）为未处理材 1 级

4.4.7　铣削性能测试

整体压缩材、炭化材和未处理材的铣削性能测试达标率分别为 100%、100% 和 85%，整体压缩材的 1 级等级占比达 66.7%，显著优于未处理材。通过加权积分法得到整体压缩材、炭化材和未处理材的综合铣削性能质量等级积分分别为 4.667、4.250 和 4.200。对照质量等级划分表可知，整体压缩材的铣削性能属于优秀。建议在铣削工序中，保持适宜的铣削速度，防止加工过程中刀具温度过高而导致铣削表面出现灼烧的现象，同时保证木纤维的正常切割。

试样铣削性能等级实物如图 4-12 所示。

4.4.8　开榫性能测试

整体压缩材、炭化材和未处理材的开榫性能测试达标率分别为 86.7%、83.3% 和 66.7%。整体压缩材开榫性能测试达标率略高于炭化材，远高于未处理材。通过加权积分法得到整体压缩材、炭化材和未处理材的综合开榫性能质量等级积分分别为 4.434、4.133 和 3.834。对照质量等级划分表可知，整体压缩材的开榫性能属于良好。

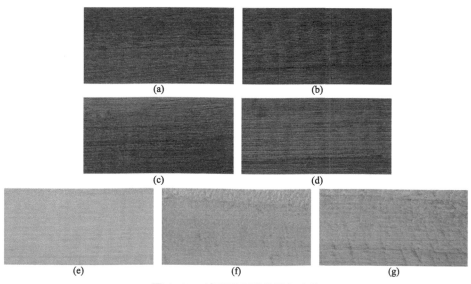

图 4–12　试样铣削性能等级实物
第一行为整体压缩材，其中（a）为 1 级，（b）为 2 级；
第二行为炭化材，其中（c）为 1 级，（d）为 2 级；
第三行为未处理材，其中（e）为 1 级，（f）为 2 级，（g）为 3 级

在开榫加工时，下周缘在贯通中所受的冲击较大，更易于产生加工缺陷。但由于整体压缩材质地较单侧表层压缩材均匀，所以此类缺陷较少。建议在榫结合时增加一道砂光工序，去除毛刺而不影响榫结合的紧密度。

试样开榫性能等级实物如图 4-13 所示。

4.4.9　车削性能测试

整体压缩材、炭化材和未处理材车削性能测试达标率分别为 55%、40% 和 25%。整体压缩材车削性能相比于其他机械加工性能较差，但仍优于炭化材和未处理材。通过加权积分法得到整体压缩材、炭化材和未处理材的综合车削性能质量等级积分分别为 3.450、3.200 和 2.900。对照质量等级划分表可知，整体压缩材的车削性能属于中等。在车削加工过程中试样易出现毛刺、开裂，这与整体压缩材的材质有所关系，建议在加工过程中保持均匀的车刀进给速度，同时采取合适的进给量，进给量过大试样易出现毛刺甚至开裂缺陷。

试样开榫性能等级实物如图 4-14 所示。

4.4.10　机械加工性能综合评价

由表 4-5 可知，在满分为 50 分的加工性能评价体系中，整体压缩材机械

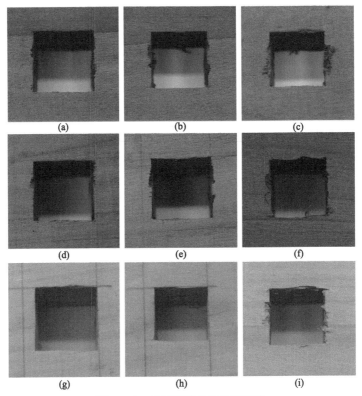

图 4-13　试样开榫性能等级实物

第一行为**整体压缩材**，其中（a）为 1 级，（b）为 2 级，（c）为 3 级；
第二行为**炭化材**，其中（d）为 1 级，（e）为 2 级，（f）为 3 级；
第三行为**未处理材**，其中（g）为 1 级，（h）为 2 级，（i）为 3 级

加工性能综合分值为 45 分，评分等级为优秀。表明整体压缩材是一种可用于
生产高附加值产品的实木材料。在实际加工过程中，应选择适当的加工工艺，
可以极大地提高生产效率及加工质量，降低生产成本。

表 4-5　整体压缩材、炭化材和未处理材机械加工性能综合评分

测试试样	机械加工性能分值 / 分						
	刨切	砂光	钻孔	铣削	开榫	车削	总分
整体压缩材	10	10	5	4	10	6	45
炭化材	10	10	5	4	10	4	43
未处理材	8	10	5	3	8	2	36

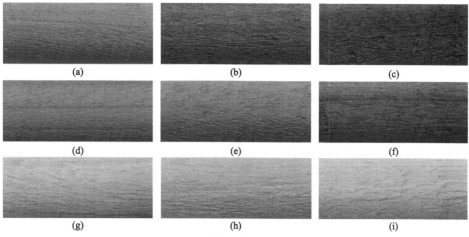

图4-14 试样开榫性能等级实物

第一行为整体压缩材，其中（a）为2级，（b）为3级，（c）为4级；
第二行为炭化材，其中（d）为2级，（e）为3级，（f）为4级；
第三行为未处理材，其中（g）为2级，（h）为3级，（i）为4级

4.4.11 涂饰性能

本小节按照工业化生产操作，使用水性UV地板漆对整体压缩材、炭化材和未处理材（炭化材和未处理材测试结果同第3章）进行涂饰，按照国家标准对漆膜性能进行测试并得出达标等级，以期进一步完善整体压缩木实木利用体系。

如表4-6所示是整体压缩材、炭化材和未处理材漆膜性能测试结果。由表4-6可知，未处理材光泽度指标最高，整体压缩材光泽度略有下降，与炭化材相差不大。漆膜附着力测试结果表明，整体压缩材表面漆膜割痕交叉处有轻微脱落，交叉切割面积受影响处不大于5%，漆膜附着力性能等级达到国家标准GB/T 4893.4—2013评定等级的1级，达到《实木地板 第1部分：技术要求》

表4-6 整体压缩材、炭化材和未处理材漆膜性能测试结果

测试试样	光泽度/%		附着力（等级）	硬度（等级）	500r漆膜损失量/g
	GZL	GZT			
整体压缩材	12.40	9.19	1	4H	0.1890
炭化材	13.87	9.31	1	4H	0.1852
未处理材	15.22	10.51	2	3H	0.1998

（GB/T 15036.1—2018）优等品的规定。漆膜硬度测试结果表明，整体压缩材表面漆膜在 4H 硬度铅笔下测试合格，漆膜硬度满足国标优等品的规定。漆膜耐磨性测试结果表明，整体压缩材漆膜损失量为 0.1890g，且漆膜未出现露白现象，满足国标优等品的规定。

由表 4-7 和图 4-15 所示，可定性分析为水性 UV 地板漆漆膜在整体压缩材表面的渗透深度小于 40.0μm。

表 4-7　水性 UV 地板漆涂饰整体压缩材漆膜渗透深度

饰面漆种类	测定元素	含量	图 4-15（a）（漆膜）	图 4-15（b）（0 ~ 12.5μm）	图 4-15（c）（12.5 ~ 27.5μm）	图 4-15（d）（27.5 ~ 40.0μm）
水性 UV 地板漆	Si	质量分数 / %	1.61	7.32	6.32	0.02
		摩尔分数 / %	0.85	4.08	3.49	0
	Al	质量分数 / %	0.37	2.34	1.80	0
		摩尔分数 / %	0.20	1.36	1.03	0

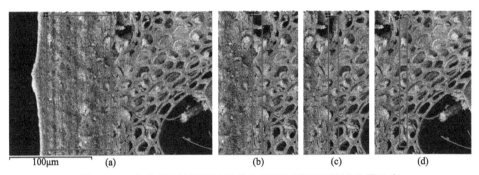

100μm　　(a)　　　　　　　(b)　　　　(c)　　　　(d)

图 4-15　水性 UV 地板漆涂饰整体压缩材横切面能谱位置示意

由表 4-8 和图 4-16 所示，可定性分析为水性家具漆漆膜在整体压缩材表面的渗透深度小于 43.3μm。

表 4-8　水性家具漆涂饰整体压缩材漆膜渗透深度

饰面漆种类	测定元素	含量	图 4-16（a）（漆膜）	图 4-16（b）（0 ~ 23.3μm）	图 4-16（c）（23.3 ~ 43.3μm）
水性家具漆	Si	质量分数 / %	1.63	0.80	0.02
		摩尔分数 / %	0.77	0.60	0
	Al	质量分数 / %	0.09	0.05	0
		摩尔分数 / %	0.04	0.02	0

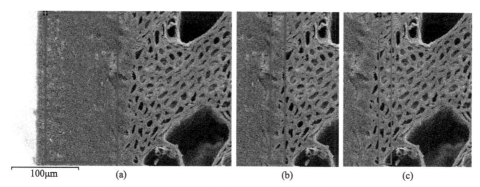

图 4-16 水性家具漆涂饰整体压缩材横切面能谱位置示意

4.5 本章结论

本章对低含水率杨木进行整体压缩密实化，然后进行热处理固定形变。利用传热传质模型预测了整体致密化过程中的预热时间。研究了热处理温度和时间对尺寸稳定性、表面硬度、MOE 和动态黏弹性性能的影响，并讨论分析了整体压缩材的机械加工性能和表面涂饰性能。得到的主要结论如下。

① 压缩温度和预热时间对木质细胞壁的热塑化效果有显著影响。压缩温度越高，所需预热时间则越短。模拟结果表明，木材整体密实过程的最佳预热时间和预热温度分别为 361s 和 180℃。在这种 BD 密实条件下，木材在压缩方向上呈现均匀的密度分布。

② HTBD- 木材的尺寸稳定性和力学性能主要取决于热处理温度和时间。随着处理温度的升高和处理时间的延长，HTBD- 木材的厚度膨胀率和表面硬度均呈下降趋势。随着处理温度的升高和处理时间的延长，HTBD- 木材的 MOE 先是逐渐增加，然后随着处理温度的升高，直到 200℃时，MOE 略有下降。

③ 根据 HTBD- 木材的动态黏弹性性能结果，HTBD- 木材的最佳热处理温度为 190℃，热处理时间为 3h。在此处理条件下，木材样品在橡胶状态期的储存模量最高，损耗因子最低，说明这种木材产品具有较长的使用寿命，特别适合实木地板应用。

④ 在满分为 50 分的加工性能评价体系中，整体压缩材机械加工性能综合分值为 45 分，评分等级为优秀。表明整体压缩材是一种可用于生产高附加值产品的实木材料。整体压缩材的涂饰性能良好，光泽度较未处理材略有下降，漆膜附着力、硬度和耐磨性均达到《实木地板 第 1 部分：技术要求》中优等品的规定（GB/T 15036.1—2018）。

| 第 5 章 |

压缩木材质量控制

在压缩木材的制备过程中，由于操作、控制不当，会造成压缩木材在加工过程及后续保存中出现较多缺陷，对产品质量造成不良影响，制约了木材压缩技术的商业化应用。因此，要了解和掌握压缩木材加工及存放过程中易出现的缺陷种类、产生原因和预防方法，从而提高压缩木材的利用率、提高压缩木材制品的合格率，推动压缩木材技术的商业化应用。

5.1 压缩木材缺陷的分类

压缩木材缺陷是指木材在压缩过程中及后期压缩木材在存放过程中，由于压缩木材质量未达到使用要求而造成压缩木材使用价值降低的缺陷。压缩木材缺陷可分为可见缺陷和不可见缺陷。

5.1.1 可见缺陷

可见缺陷分为开裂和变形。压缩木材开裂类型如图 5-1 所示，开裂多发生在木材压缩过程中，由于木材体积变化过大或木材内部水蒸气分压过大，超过木材横纹抗拉强度，木材机械强度薄弱处沿纵向开裂。根据开裂位置的不同可分为表裂、端裂、侧裂和炸裂。压缩木材变形类型如图 5-2 所示，变形是在压缩木材制备过程中和存放过程中产生的形状改变，变形可分为鼓包和横弯。

(a) 表裂   (b) 端裂

(c) 侧裂   (d) 炸裂

图 5-1　压缩木材开裂类型

(a) 鼓包   (b) 横弯

图 5-2　压缩木材变形类型

5.1.2　不可见缺陷

不可见缺陷分为压缩木材厚度上终含水率不均匀、压缩木材长度上终含水率不均匀和残余应力超标。

5.2 压缩木材缺陷产生的原因及预防方法

5.2.1 表裂的原因及预防方法

（1）原因

产生表裂的主要原因有：

① 木材压缩前含水率过高，特别是当木材含水率大于 35% 时，加之热压温度过高和压缩率较大，木材在压缩过程中，木材内部水蒸气分压过大，超过木材横纹抗拉强度而产生表裂；

② 若木材含水率过高，热压温度高，压缩后因为卸压速度过快，容易产生表裂。

（2）预防方法

可以从如下几方面入手，预防压缩木表裂的产生：

① 降低压缩前的木材含水率；

② 降低压缩过程中的热压温度；

③ 采用冷出法，即压缩后将木材温度降低至 80℃以下再卸压，出料。

5.2.2 端裂的原因及预防方法

（1）原因

产生端裂的主要原因有：

① 木材压缩前的含水率特别高，加之热压温度高，木材内部水分迁移方向主要为顺纹，木材端头水分大量蒸发，木材端头含水率降低速度快，在端头形成较大的拉应力，但拉应力大于木材横纹抗拉强度时，产生端裂；

② 热压温度高，压缩后未经冷却直接出料，容易产生端裂。

（2）预防方法

可以从如下几方面入手，预防压缩木端裂的产生：

① 降低木材压缩前的含水率；

② 降低压缩过程中的热压温度；

③ 采用冷出法，即压缩后将木材温度降低至 60℃以下再出料。

5.2.3 侧裂的原因及预防方法

（1）原因

产生侧裂的主要原因有：

① 木材压缩前含水率过低，加之压缩率较大、热压温度过低软化程度不

够，木材在压缩过程中，边部被压缩裂；

② 木材压缩前的含水率特别高，木材渗透性差，加之热压温度高和压缩率大，木材内部水蒸气分压过大，使木材边部鼓起后产生侧裂。

（2）预防方法

对于原因①产生的侧裂，可以采用适当提高木材压缩前的含水率，提高软化温度，减少压缩率的方法预防侧裂产生；对于原因②产生的侧裂，可以降低压缩过程中的热压温度，降低压缩前的木材含水率。

5.2.4　炸裂的原因及预防方法

（1）原因

产生压缩木炸裂的主要原因是，木材压缩前含水率过高，加之压缩率较大、热压温度过高，木材渗透性差，木材内部水蒸气分压特别大，远远超过木材破坏强度，而产生炸裂。

（2）预防方法

预防炸裂的方法有：

① 降低木材压缩前的含水率，降低热压温度，减少压缩率；

② 对于整体压缩木制造，可以延长预热时间，使木材内部水分降低到一定程度再进行压缩；

③ 采用冷出法，即压缩后将木材温度降低至 60℃以下再出料。

5.2.5　鼓包的原因及预防方法

（1）原因

产生鼓包的主要原因是，木材压缩前含水率过高，加之压缩率较大，木材内部水蒸气分压大，压缩后因为卸压时的温度高及卸压速度过快，容易产生鼓包。如图 5-3 所示为 40mm 木材内部压力随时间的分布曲线。说明含水率越高，木材内部的压力越大。

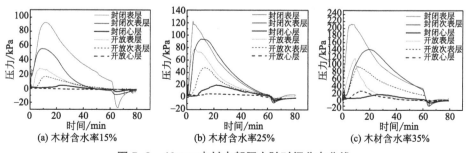

图 5-3　40mm 木材内部压力随时间分布曲线

（2）预防方法

预防鼓包的方法有：

① 降低木材压缩前的含水率，降低热压温度，减少压缩率；

② 可以延长热压时间，使木材内部水分降低到一定程度再进行压缩；

③ 采用冷出法，即压缩后将木材温度降低至 60℃ 以下再出料。

5.2.6 横弯的原因及预防方法

（1）原因

压缩木横弯变形主要在压缩后的保存期间或是热处理过程中产生。产生横弯的主要原因如下。

① 在单侧表层压缩木制造过程中，由于木材含水率较高，木材内部水分从热端向冷端迁移，热端木材含水率降低，冷端含水率升高，在自然条件下木材会向热端翘弯，但受到热压板的限制，木材无法自由翘弯，在热端产生拉伸残余变形，由作用力与反作用力，冷端产生压缩残余变形。在后续保存或热压机内冷却过程中，残余应力释放而产生横弯变形。如图 5-4 所示为 30mm、40mm、50mm 厚单侧试件残余应力分布，表明压缩前木材含水率越高，木材表面压缩层的拉应力越大。

② 在整体压缩木材制造过程中，弦切板由于热压时间过程，木材含水率蒸发较多，弦切板有向外板面翘弯的趋势，但受到热压板的限制，木材无法自由翘弯，在外板面产生拉伸残余变形，由作用力与反作用力，内板面产生压缩残余变形。在后续保存或热压机内冷却过程中，残余应力释放而产生横弯变形。

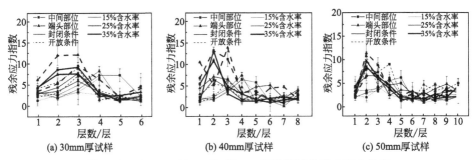

图5-4　30mm、40mm 和 50mm 厚单侧试件残余应力分布

（2）预防方法

预防横弯的方法有：

① 降低木材压缩前的含水率，缩短预热时间和压缩时间；

② 制备好的压缩木应立即进行高温热处理，消除残余应力。

5.3 压缩木材不可见缺陷产生的原因及预防方法

5.3.1 厚度上终含水率不均匀的原因及预防方法

（1）原因

压缩木厚度上终含水率不均匀的主要原因如下。

① 在单侧表层压缩木制造过程中，由于木材含水率较高，木材内部水分从热端向冷端迁移，热端木材含水率降低，冷端含水率升高。如图 5-5 所示为不同厚度试样单侧表层压缩结束后分层含水率分布图，表明压缩前木材含水率越高，单侧压缩木厚度方向上含水率偏差越大。

② 在整体压缩木材制造过程中，木材厚度越大，在热压板加热条件下，木材表面的水分向芯部迁移，压缩后木材表层含水率低，芯层含水率高。

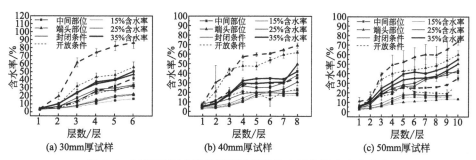

图 5-5 不同厚度试样单侧表层压缩结束后分层含水率分布

（2）预防方法

预防压缩木材厚度上终含水率不均匀的方法有：

① 降低木材压缩前的含水率，缩短预热时间和压缩时间；

② 制备好的压缩木材应进行高温热处理及调湿处理。

5.3.2 长度方向含水率分布不均匀的原因及预防方法

（1）原因

产生长度方向含水率分布不均匀的主要原因是，木材压缩前含水率过高，热压温度过高，木材在热压板中心部位的温度高，木材内部水分沿木材顺纹方向向木材两端头迁移，并从端面扩散到外部环境中，造成木材长度方向含水率分布不均。

（2）预防方法

预防产生长度方向含水率分布不均匀的方法有：

① 降低木材压缩前的含水率；

② 制备好的压缩木进行高温热处理及调湿处理。

5.3.3　残余应力超标的原因及预防方法

（1）原因

压缩木残余力超标主要原因如下。

① 在单侧表层压缩木制造过程中，由于木材含水率较高，木材内部水分从热端向冷端迁移，热端木材含水率降低，冷端含水率升高，在自然条件下木材会向热端翘弯，但受到热压板的限制，木材无法自由翘弯，在热端产生拉伸残余应力，由于作用力与反作用力，在冷端产生压缩残余应力，结果是在压缩木内部产生较大的残余应力，在后续热处理过程中又未完全消除残余应力。

② 在整体压缩木材制造过程中，弦切板由于热压时间过程，木材含水率蒸发较多，弦切板有向外板面翘弯的趋势，但受到热压板的限制，木材无法自由翘弯，在外板面产生拉伸残余应力，由于作用力与反作用力，在内板面产生压缩残余应力，结果是在压缩木内部产生较大的残余应力，在后续热处理过程中又未完全消除残余应力。

（2）预防方法

预防残余应力超标的方法有：

① 降低木材压缩前的含水率，缩短预热时间和压缩时间；

② 制备好的压缩木应立即进行充分高温热处理及调湿处理，消除残余应力。

附录

附录1 求解木材单侧表面压缩热质迁移数学模型的程序源代码

```
%******************** 程序介绍 ********************
% 程序功能：求解木材热压过程传热传质二维数学模型
% 边界条件：上下接触加热、左右与环境对流换热
% 网格划分：交错网格
% 备注：设定变量的边界值，所有单元成为内单元
%******************** 变量定义模块 ********************
%******************** 几何条件 ********************
tic;
input('W=');                          % 木材宽度尺寸
input('H=');                          % 木材厚度尺寸
input('IY=');                         % 宽度内节点法，单元数
input('JZ=');                         % 厚度内节点法，单元数
dety=W/IY;                            % 宽度空间步长
detz=H/JZ;                            % 厚度空间步长
input('Time=');                       % 计算时间
input('time=');                       % 时间步长
N=Time/time;                          % 时间节点数
A(1,1,1)=0;
A(IY+2,1,1)=W;
A(2：IY+2-1,1,1)=linspace(dety/2,W-dety/2,IY)';
for j=1:JZ+2
```

```
    AY(:,j,1)=A(:,1,1);                          % 宽度方向位置坐标,
                                                  含边界节点

end
B(1,1,1)=0;
B(1,JZ+2,1)=H;
B(1,2: JZ+2-1,1)=linspace(detz/2,H-detz/2,JZ);
for i=1: IY+2
AZ(i,:,1)=B(1,:,1);                              % 厚度方向位置坐标,
                                                  含边界节点

end
%********************** 物理条件 **********************
input('Kx=');                                    % 木材内空气渗透率,
                                                  宽度

input('Kz=');                                    % 木材内空气渗透率,
                                                  厚度

input('rous=');                                  % 木材实质密度
input('rou00=')                                  % 木材初始绝干密度
rou0=rou00*ones(IY,JZ,1);                        % 木材绝干密度三维数组
input('rou0-c=');                                % 热压后木材绝干密度
                                                  分布

input('Time-c=');                                % 热压压缩时间
roul=1000;                                       % 水的密度
cs=1354;                                         % 木材实质物质比热容
cl=4200;                                         % 水的比热容
cv=1863;                                         % 水蒸气的比热容
ca=1005;                                         % 干空气的比热容
input('lamda=');                                 % 木材有效热导率
gama=2256.6;                                     % 水的平均气化潜热
yita=21.6e-6;                                    % 木材内空气动力黏度
Ma=28.97e-3;                                     % 空气的摩尔质量
Mv=18.02e-3;                                     % 水的摩尔质量
R=8.31451;                                       % 通用气体常数
%****************** 初始与边界条件 ******************
n=1;
```

```
pe=1e5;                                      % 环境压力
input('phie=');                              % 环境空气相对湿度
input('te=');                                % 环境温度
pg=pe*ones(IY,JZ,n);                         % 木材内部混合气体初
                                               始总压力

input('t0=');                                % 木材初始温度
t=t0*ones(IY,JZ,n);                          % 定义木材温度三维数组
input('tp1=');                               % 下压板温度
input('tp2=');                               % 上压板温度
input('h=');                                 % 木材侧面与环境对流
                                               换热系数
P=[-38.580;74.016;-18.484;1.2288;16.725;9.2433;0.51429;-0.091423;-7.0284;
-5.6372;-3.4658];                            % 测算木材 EMC 的参数
phi(:,:,1)=phie*ones(IY,JZ,1);               % 木材内部空气初始相
                                               对湿度

for i=1:IY
    for j=1:JZ
U(i,j,n)=(P(1,1)+P(2,1)*log(t(i,j,n))+P(3,1)*(log(t(i,j,1)))^2+P(4,1)*(log(t(i,j,n)))^
3+P(5,1)*log(phi(i,j,n))+P(6,1)*(log(phi(i,j,n)))^2)/(1+P(7,1)*log(t(i,j,n))+P(8,1)*
(log(t(i,j,n)))^2+P(9,1)*log(phi(i,j,n))+P(10,1)*(log(phi(i,j,n)))^2+P(11,1)*(log(phi
(i,j,n)))^3);                                % 木材初始含水率
    psv(i,j,n)=1E6*22.064*exp((7.2148+3.9564*((0.745-(t(i,j,n)
+273.15)/674.14)^2)+1.3487*(0.745-(t(i,j,n)+273.15)/647.14)^3.1778)*(1-647.14/
(t(i,j,n)+273.15)));
                                             % 木材内初始饱和蒸气压
    pv(i,j,n)=phi(i,j,n)*psv(i,j,n);         % 木材内初始水蒸气分压
    pa(i,j,n)=pg(i,j,n)-pv(i,j,n);           % 木材内初始干空气分压
    epsilons(i,j,n)=rou0(i,j,n)/rous;        % 初始木材固相体积含量
    epsilonl(i,j,n)=0.01*U(i,j,n)*rou0(i,j,n)/roul;  % 初始木材液相体积含量
    epsilong(i,j,n)=1-epsilons(i,j,n)-epsilonl(i,j,n);  % 初始木材气相体积含量
    roua(i,j,n)=pa(i,j,n)*Ma/(R*(t(i,j,n)+273.15));  % 木材内干空气初始密度
    rouv(i,j,n)=pv(i,j,n)*Mv/(R*(t(i,j,n)+273.15));  % 木材内水蒸气初始密度
    roug(i,j,n)=roua(i,j,n)+rouv(i,j,n);     % 木材内混合气体初始
                                               密度
```

```
      end
    end
    psve=1E6*22.064*exp((7.2148+3.9564*((0.745-(te+273.15)/
674.14)^2)+1.3487*(0.745-(te+273.15)/647.14)^3.1778)*(1-647.14/(te+273.15)));
                                              % 环境饱和蒸气压
    pve=phie*psve;                            % 环境水蒸气分压
    rouve=pve*Mv/(R*(te+273.15));             % 环境水蒸气的密度
    pae=pe-pve;                               % 环境干空气压力
    rouae=pae*Ma/(R*(te+273.15));             % 环境干空气的密度
    rouge=rouve+rouae;                        % 环境空气的密度
    rou=epsilons*rous+epsilonl*roul+epsilong.*roug;   % 木材表观密度
    rouc=epsilons*rous*cs+epsilonl*roul*cl+epsilong.*roua*ca+epsilong.*rouv*cv;
                                              % 木材体积热容
    rougc=roua*ca+rouv*cv;                    % 混合气体积热容
    v=zeros(IY+1,JZ,1);                       % 定义渗流速度三维维
                                              %   数组,宽度
    w=zeros(IY,JZ+1,1);                       % 定义渗流速度三维数
                                              %   组,厚度
    mdot=zeros(IY,JZ,1);                      % 定义体积蒸发率三维
                                              %   数组
    % 以下为变量边界赋值
    pvbnd=pve*ones(IY+2,JZ+2,n);
    pvbnd(2:IY+2-1,2:JZ+2-1,n)=pv(:,:,n);
    pgbnd=pe*ones(IY+2,JZ+2,n);
    pgbnd(2:IY+2-1,2:JZ+2-1,n)=pg(:,:,n);
    pabnd=pgbnd-pvbnd;
    tbnd=t0*ones(IY+2,JZ+2,n);
    tbnd(2:IY+2-1,2:JZ+2-1,n)=t(:,:,n);
    tbnd(1,:,n)=(tbnd(2,:,n)+h*(AY(2,:,n)-AY(1,:,n))/lamda*te)./(1+h*(AY(2,:,n)-
AY(1,:,n))/lamda);
    tbnd(IY+2,:,n)=(tbnd(IY+1,:,n)+h*(AY(IY+2,:,n)-AY(IY+1,:,n))/lamda*te)./
(1+h*(AY(IY+2,:,n)-AY(IY+1,:,n))/lamda);
    tbnd(:,1,n)=tp1;
    tbnd(:,JZ+2,n)=tp2;
```

```
rouvbnd=Mv*pvbnd./(tbnd+273.15)/R;
rouabnd=Ma*pabnd./(tbnd+273.15)/R;
rougbnd=rouvbnd+rouabnd;
%******************* 主程序模块 *******************
%****************** 计算坐标赋值 ******************
        for n=2：N+1
            AY(:,:,n)=AY(:,:,n-1);
            AZ(:,:,n)=AZ(:,:,n-1);
%****************** 计算木材温度 ******************
            for i=1：IY
                for j=1：JZ
                    if v(i,j,n-1)>=0
                        rouwest=rouabnd(i,j+1,n-1)*ca+rouvbnd(i,j+1,n-1)*cv;
                        twest1=1.5*tbnd(i,j+1,n-1)-0.5*tbnd(i+1,j+1,n-1);
                        twest2=0.5*(tbnd(i,j+1,n-1)+tbnd(i+1,j+1,n-1));
                        Pe=rou(i,j,n-1)*v(i,j,n-1)*dety/ca;
                        Beta=2/(2+Pe);
                        twest=Beta*twest2+(1-Beta)*twest1;
                    end
                    if v(i,j,n-1)<0
                    rouwest=rouabnd(i+1,j+1,n-1)*ca+rouvbnd(i+1,j+1,n-1)*cv;
                        twest1=1.5*tbnd(i+1,j+1,n-1)-0.5*tbnd(i+2,j+1,n-1);
                        twest2=0.5*(tbnd(i,j+1,n-1)+tbnd(i+1,j+1,n-1));
                        Pe=rou(i,j,n-1)*v(i,j,n-1)*dety/ca;
                        Beta=2/(2+Pe);
                        twest=Beta*twest2+(1-Beta)*twest1;
                    end
                    if v(i+1,j,n-1)>=0
                    roueast=rouabnd(i+1,j+1,n-1)*ca+rouvbnd(i+1,j+1,n-1)*cv;
                        teast1=1.5*tbnd(i+1,j+1,n-1)-0.5*tbnd(i+2,j+1,n-1);
                        teast2=0.5*(tbnd(i+1,j+1,n-1)+tbnd(i+2,j+1,n-1));
                        Pe=rou(i+1,j,n-1)*v(i+1,j,n-1)*dety/ca;
                        Beta=2/(2+Pe);
                        teast=Beta*teast2+(1-Beta)*teast1;
```

```
end
if v(i+1,j,n-1)<0
roueast=rouabnd(i+2,j+1,n-1)*ca+rouvbnd(i+2,j+1,n-1)*cv;
    teast1=1.5*tbnd(i+2,j+1,n-1)-0.5*tbnd(i+3,j+1,n-1);
    teast2=0.5*(tbnd(i+1,j+1,n-1)+tbnd(i+2,j+1,n-1));
    Pe=rov(i+1,j,n-1)*v(i+1,j,n-1)*dety/ca;
    Beta=2/(2+Pe);
    teast=Beta*teast2+(1-Beta)*teast1;
end
if w(i,j,n-1)>=0
    rousouth=rouabnd(i+1,j,n-1)*ca+rouvbnd(i+1,j,n-1)*cv;
    tsouth1=1.5*tbnd(i+1,j,n-1)-0.5*tbnd(i+1,j+1,n-1);
    tsouth2=0.5*(tbnd(i+1,j,n-1)+tbnd(i+1,j+1,n-1));
    Pe=rou(i,j,n-1)*w(i,j,n-1)*detx/ca;
    Beta=2/(2+Pe);
    tsouth=Beta*tsouth2+(1-Beta)*tsouth1;
end
if w(i,j,n-1)<0
rousouth=rouabnd(i+1,j+1,n-1)*ca+rouvbnd(i+1,j+1,n-1)*cv;
    tsouth1=1.5*tbnd(i+1,j+1,n-1)-0.5*tbnd(i+1,j+2,n-1);
    tsouth2=0.5*(tbnd(i+1,j,n-1)+tbnd(i+1,j+1,n-1));
    Pe=rou(i,j,n-1)*w(i,j,n-1)*detx/ca;
    Beta=2/(2+Pe);
    tsouth=Beta*tsouth2+(1-Beta)*tsouth1;
end
if w(i,j+1,n-1)>=0
rounorth=rouabnd(i+1,j+1,n-1)*ca+rouvbnd(i+1,j+1,n-1)*cv;
    tnorth1=1.5*tbnd(i+1,j+1,n-1)-0.5*tbnd(i+1,j+2,n-1);
    tnorth2=0.5*(tbnd(i+1,j+1,n-1)+tbnd(i+1,j+2,n-1));
    Pe=rou(i,j,n-1)*w(i,j+1,n-1)*detx/ca;
    Beta=2/(2+Pe);
    tnorth=Beta*tnorth2+(1-Beta)*tnorth1;
end
if w(i,j+1,n-1)<0
```

```
                    rounorth=rouabnd(i+1,j+2,n-1)*ca+rouvbnd(i+1,j+2,n-1)*cv;
                        tnorth1=1.5*tbnd(i+1,j+2,n-1)-0.5*tbnd(i+1,j+3,n-1);
                        tnorth2=0.5*(tbnd(i+1,j+1,n-1)+tbnd(i+1,j+2,n-1));
                        Pe=rou(i,j,n-1)*w(i,j+1,n-1)*detx/ca;
                        Beta=2/(2+Pe);
                        tnorth=Beta*tnorth2+(1-Beta)*tnorth1;
                    end
                    TU1=rouwest*twest*u(i,j,n-1);
                    TU2=roueast*teast*u(i+1,j,n-1);
                    TU=TU1-TU2;
                    TW1=rousouth*tsouth*w(i,j,n-1);
                    TW2=rounorth*tnorth*w(i,j+1,n-1);
                    TW=TW1-TW2;
                    TUW=TU*detz+TW*dety;
            K1=lamda*(tbnd(i,j+1,n-1)-t(i,j,n-1))*detz/(AY(i+1,j+1,n)-AY(i,j+1,n));
            K2=lamda*(tbnd(i+2,j+1,n-1)-t(i,j,n-1))*detz/(AY(i+2,j+1,n)-AY(i+1,j+1,n));
            K3=lamda*(tbnd(i+1,j,n-1)-t(i,j,n-1))*dety/(AZ(i+1,j+1,n)-AZ(i+1,j,n));
            K4=lamda*(tbnd(i+1,j+2,n-1)-t(i,j,n-1))*dety/(AZ(i+1,j+2,n)-AZ(i+1,j+1,n));
                    K=K1+K2+K3+K4;
                    M=gama*mdot(i,j,n-1)*dety*detz;
                    t(i,j,n)=t(i,j,n-1)+time*(K-TUW-M)/(rouc(i,j,n-1)*dety*detz);
                end
            end
                tbnd(2:IY+2-1,2:JZ+2-1,n)=t(:,:,n);
    tbnd(1,:,n)=(tbnd(2,:,n)+h*(AY(2,:,n)-AY(1,:,n))/lamda*te)./(1+h*(AY(2,:,n)-
AY(1,:,n))/lamda);
    tbnd(IY+2,:,n)=(tbnd(IY+1,:,n)+h*(AY(IY+2,:,n)-AY(IY+1,:,n))/lamda*te)./
(1+h*(AY(IY+2,:,n)-AY(IY+1,:,n))/lamda);
                tbnd(:,1,n)=tp1;
                tbnd(:,JZ+2,n)=tp2;
%****************** 计算气体压力 ******************
                for i=1：IY
                    for j=1：JZ
                    pa(i,j,n)=roua(i,j,n-1)*R*(t(i,j,n)+273.15)/Ma;
```

```
            pv(i,j,n)=rouv(i,j,n-1)*R*(t(i,j,n)+273.15)/Mv;
            pg(i,j,n)=pa(i,j,n)+pv(i,j,n);
          end
      end
      pvbnd=pve*ones(IY+2,JZ+2,n);
      pvbnd(2:IY+2-1,2:JZ+2-1,n)=pv(:,:,n);
      pvbnd(:,1:JZ+2-1:JZ+2,n)=pvbnd(:,2:JZ+1-2:JZ+1,n);
      pgbnd=pe*ones(IY+2,JZ+2,n);
      pgbnd(2:IY+2-1,2:JZ+2-1,n)=pg(:,:,n);
      pgbnd(:,1:JZ+2-1:JZ+2,n)=pgbnd(:,2:JZ+1-2:JZ+1,n);
      pabnd(:,:,n)=pgbnd(:,:,n)-pvbnd(:,:,n);
%***************** 计算气流速度 *****************
      for j=1：JZ
         for i=1：IY+1
v(i,j,n)=-Kx*(pgbnd(i+1,j+1,n)-pgbnd(i,j+1,n))/(yita*(AY(i+1,j+1,n)-
AY(i,j+1,n)));
          end
      end
      for i=1：IY
         for j=2：JZ+1-1
w(i,j,n)=-Kz*(pgbnd(i+1,j+1,n)-pgbnd(i+1,j,n))/(yita*(AZ(i+1,j+1,n)-
AZ(i+1,j,n)));
          end
         for j=1：JZ+1-1：JZ+1
             w(i,j,n)=0;
          end
      end
%***************** 计算含水率 *****************
      for i=1：IY
         for j=1：JZ
psv(i,j,n)=1E6*22.064*exp((7.2148+3.9564*((0.745-(t(i,j
,n)+273.15)/674.14)^2)+1.3487*(0.745-(t(i,j,n)+273.15)/647.14)^3.1778)*(1-647.14/
(t(i,j,n)+273.15)));
            phi(i,j,n)=pv(i,j,n)/psv(i,j,n);
```

```
U(i,j,n)=(P(1,1)+P(2,1)*log(t(i,j,n))+P(3,1)*(log(t(i,j,1)))^2+P(4,1)*(log(t(i,j,n)))^
3+P(5,1)*log(phi(i,j,n))+P(6,1)*(log(phi(i,j,n)))^2)/(1+P(7,1)*log(t(i,j,n))+P(8,1)*
(log(t(i,j,n)))^2+P(9,1)*log(phi(i,j,n))+P(10,1)*(log(phi(i,j,n)))^2+P(11,1)*(log(phi
(i,j,n)))^3);
            end
        end
%******************* 计算相含量 *******************
        for i=1：IY
            for j=1：JZ
                epsilons(i,j,n)=rou0(i,j,n-1)/rous;
                epsilonl(i,j,n)=0.01*U(i,j,n)*rou0(i,j,n-1)/roul;
                epsilong(i,j,n)=1-epsilons(i,j,n)-epsilonl(i,j,n);
            end
        end
%******************* 计算蒸发率 *******************
        for i=1：IY
            for j=1：JZ
                mdot(i,j,n)=-roul*(epsilonl(i,j,n)-epsilonl(i,j,n-1))/time;
            end
        end
%****************** 计算水蒸气密度 ******************
        for i=1：IY
            for j=1：JZ
                if v(i,j,n)>=0
                    rouwest=rouvbnd(i,j+1,n-1);
                end
                if v(i,j,n)<0
                    rouwest=rouvbnd(i+1,j+1,n-1);
                end
                if v(i+1,j,n)>=0
                    roueast=rouvbnd(i+1,j+1,n-1);
                end
                if v(i+1,j,n)<0
                    roueast=rouvbnd(i+2,j+1,n-1);
```

```
        end
        if w(i,j,n)>=0
            rousouth=rouvbnd(i+1,j,n-1);
        end
        if w(i,j,n)<0
            rousouth=rouvbnd(i+1,j+1,n-1);
        end
        if w(i,j+1,n)>=0
            rounorth=rouvbnd(i+1,j+1,n-1);
        end
        if w(i,j+1,n)<0
            rounorth=rouvbnd(i+1,j+2,n-1);
        end
        RU1=rouwest*v(i,j,n)/(AY(i+1,j+1,n)-AY(i,j+1,n));
        RU2=roueast*v(i+1,j,n)/(AY(i+2,j+1,n)-AY(i+1,j+1,n));
        RU=RU1-RU2;
        RW1=rousouth*w(i,j,n)/(AZ(i+1,j+1,n)-AZ(i+1,j,n));
    RW2=rounorth*w(i,j+1,n)/(AZ(i+1,j+2,n)-AZ(i+1,j+1,n));
        RW=RW1-RW2;
    rouv(i,j,n)=rouv(i,j,n-1)+time*(RU+RW)/epsilong(i,j,n);
        end
    end
%****************** 计算干空气密度 ******************
        for i=1：IY
          for j=1：JZ
            if v(i,j,n)>=0
                rouwest=rouabnd(i,j+1,n-1);
            end
            if v(i,j,n)<0
                 rouwest=rouabnd(i+1,j+1,n-1);
            end
            if v(i+1,j,n)>=0
                roueast=rouabnd(i+1,j+1,n-1);
            end
```

```
            if v(i+1,j,n)<0
                roueast=rouabnd(i+2,j+1,n-1);
            end
            if w(i,j,n)>=0
                rousouth=rouabnd(i+1,j,n-1);
            end
            if w(i,j,n)<0
                rousouth=rouabnd(i+1,j+1,n-1);
            end
            if w(i,j+1,n)>=0
                rounorth=rouabnd(i+1,j+1,n-1);
            end
            if w(i,j+1,n)<0
                rounorth=rouabnd(i+1,j+2,n-1);
            end
            RU1=rouwest*v(i,j,n)/(AY(i+1,j+1,n)-AY(i,j+1,n));
            RU2=roueast*v(i+1,j,n)/(AY(i+2,j+1,n)-AY(i+1,j+1,n));
            RU=RU1-RU2;
            RW1=rousouth*w(i,j,n)/(AZ(i+1,j+1,n)-AZ(i+1,j,n));
          RW2=rounorth*w(i,j+1,n)/(AZ(i+1,j+2,n)-AZ(i+1,j+1,n));
            RW=RW1-RW2;
            roua(i,j,n)=roua(i,j,n-1)+time*(RU+RW)/epsilong(i,j,n);
        end
    end
    roug=rouv+roua;
%**************** 计算气体边界密度 ****************
        rouvbnd(2:IY+2-1,2:JZ+2-1,n)=rouv(:,:,n);
    rouvbnd(1:IY+2-1:IY+2,:,n)=pvbnd(1:IY+2-1:IY+2,:,n)./(tbnd(1:IY+2-
1:IY+2,:,n)+273.15)*Mv/R;
    rouvbnd(:,1:JZ+2-1:JZ+2,n)=pvbnd(:,1:JZ+2-1:JZ+2,n)./(tbnd(:,1:JZ+2-
1:JZ+2,n)+273.15)*Mv/R;
        rouabnd(2:IY+2-1,2:JZ+2-1,n)=roua(:,:,n);
    rouabnd(1:IY+2-1:IY+2,:,n)=pabnd(1:IY+2-1:IY+2,:,n)./(tbnd(1:IY+2-
1:IY+2,:,n)+273.15)*Ma/R;
```

```
rouabnd(:,1:JZ+2-1:JZ+2,n)=pabnd(:,1:JZ+2-1:JZ+2,n)./(tbnd(:,1:JZ+2-1:JZ+2,n)+273.15)*Ma/R;
        rougbnd=rouvbnd+rouabnd;
%******************* 计算木材密度 *******************
rou=epsilons*rous+epsilonl*roul+epsilong.*roug;
rou0(:,:,n)=rou0(:,:,n-1);
%*************** 计算木材体积比热容 ***************
rouc=epsilons*rous*cs+epsilonl*roul*cl+epsilong.*roua*ca+epsilong.*rouv*cv;
        end
toc;
```

附录2 主要符号表

符号	含义	单位
a	热扩散系数	m^2/s
c	比热容	$J/(kg \cdot K)$
F	力	N
h	木材表面对流传热系数	$W/(m^2 \cdot K)$
H	高度	m
K	有效渗透率	m^2
L	长度	m
M	摩尔质量	kg/mol
m	质量	kg
$\dot{m}$	体积蒸发率	$kg/(s \cdot m^3)$
N	离散区域的节点数	—
p	压力	Pa
R	通用气体常数	$J/(mol \cdot K)$
t	摄氏温度	℃

符号	含义	单位
T	热力学温度	K
u	木材含水率；渗流速度（x 方向）	%；m/s
v	比体积；渗流速度（y 方向）	m^3/kg；m/s
w	渗流速度（z 方向）	m/s
W	宽度	m
x	直角坐标；木材长度方向	—
y	直角坐标；木材宽度方向	—
z	直角坐标；木材厚度方向	—
ε	体积相含量	%
ϕ	孔隙率；通用变量	%；—
φ	相对湿度	%
γ	气化潜热	J/kg
η	动力黏度	Pa·s
σ	表面张力	N/m
λ	热导率	W/(m·K)
ρ	密度	kg/m^3
τ	时间	s
Γ	广义扩散系数	—
δ	两相邻节点之间的空间距离	—
上角标 n	当前时刻	—
下角标 a	空气的或干空气的	—
下角标 e	环境的；有效的	—
	控制单元东侧界面	—
下角标 w	控制单元西侧界面	—
下角标 s	控制单元南侧界面	—

符号	含义	单位
下角标 n	控制单元北侧界面	—
下角标 EMC	平衡含水率	—
下角标 FSP	木材纤维饱和点	—
下角标 g	气体；玻璃态转化点	—
下角标 i	y 方向离散节点；第 i 相；第 i 阶段	—
下角标 j	z 方向离散节点	—
下角标 l	液相	—
下角标 s	木材固相骨架；饱和	—
下角标 sv	饱和	—
下角标 v	水蒸气	—
下角标 0	初始的	—

参考文献

[1] 木材硬度实验方法 [Z]. 中华人民共和国国家质量监督检验检疫总局, 2009.

[2] 日本压缩木制造工艺 [J]. 纺织器材通讯, 1978, (1): 4.

[3] 鲍敏振, 张亚梅, 于文吉. 浸胶单板干燥温度对压缩木性能的影响 [J]. 木材工业, 2016, 30 (4): 46-48.

[4] 蔡家斌, 丁涛, 杨留, 等. 压缩-热处理联合改性对杨木尺寸稳定性的影响 [J]. 木材工业, 2012, 26 (5): 41-44.

[5] 蔡家斌, 董会军. 木材压缩处理技术研究的现状 [J]. 木材工业, 2014, 28 (6): 28-31.

[6] 蔡绍祥, 李延军, 黄燕萍, 等. 基于纳米压痕的木材细胞壁力学测量值与加载载荷相关性研究 [J]. 林业工程学报, 2021, 6 (4): 64-71.

[7] 柴东, 赵有科, 郭娟, 等. 压缩率对杉木浸注的影响 [J]. 木材工业, 2018, 32 (6): 5-8.

[8] 柴宇博. 人工林木材密实化处理技术及性能评价 [D]. 北京: 中国林业科学研究院, 2007.

[9] 柴宇博, 刘君良, 刘焕荣, 等. 酚醛树脂密实化杨木的机械加工性能研究 [J]. 木材工业, 2008, 22 (6): 5-7, 13.

[10] 柴宇博, 刘君良, 吕文华. 乙酰化杨木的热压缩工艺与性能分析 [J]. 木材工业, 2017, 31 (1): 15-18.

[11] 柴宇博, 刘君良, 王飞. 两种预处理方法对杨木压缩变形的固定作用及性能影响 [J]. 木材加工机械, 2016, 27 (5): 16-19.

[12] 陈川富. 木材单侧表层压缩结构优化及表层热处理工艺 [D]. 广州: 华南农业大学, 2020.

[13] 陈旻, 邓玉和, 陈琛, 等. 杨木的横纹压缩密实化研究 [J]. 西南林业大学学报, 2012, 32 (5): 80-85.

[14] 陈思敏. 柳杉木材密实化工艺研究 [D]. 成都: 四川农业大学, 2017.

[15] 陈太安, 罗朋朋, 徐忠勇, 等. 糠醇浸渍对杨木压缩材物理力学性能的影响 [J]. 林业工程学报, 2016, 1 (2): 21-25.

[16] 程若愚, 陈太安, 罗朋朋, 等. 橡胶木改性材表面涂饰的色差色泽研究 [J]. 西南林业大学学报: 自然科学版, 2017, 37 (4): 194-198.

[17] 程曦依, 李贤军, 黄琼涛, 等. 木材干燥后养生期间含水率及应力变化特点 [J]. 林业工程学报, 2016, 1 (2): 38-43.

[18] 丁涛, 顾炼百, 朱南峰, 等. 热处理材的铣削加工性能分析 [J]. 木材工业, 2012, 26 (2): 22-24.

[19] 杜超, 涂登云, 劳奕旻, 等. 高温热处理杨木再压缩工艺试验 [J]. 林业科技开发, 2013, 27 (6): 105-107.

[20] 方桂珍, 崔永志, 常德龙. 多元羧酸类化合物对木材大压缩量变形的固定作用 [J]. 木材工业, 1998, (2): 13-16.

[21] 方桂珍, 李坚, 苏磊. 温度对多元羧酸与木材交联反应的影响 [J]. 东北林业大学学报, 1998, 26 (5): 53-55.

[22] 方桂珍, 刘一星, 崔永志, 等. 低分子量MF树脂固定杨木压缩木回弹技术的初步研究 [J]. 木材工业, 1996, 10 (4): 17-20.

[23] 高志强, 张耀明, 吴忠其, 等. 加压热处理对表层压缩杨木变形回弹的影响 [J]. 木材工业, 2017, 31 (2): 24-28.

[24] 侯俊峰. 杨木锯材周期式热压干燥工艺及其传热传质机理 [D]. 北京: 北京林业大学, 2019.

[25] 胡文刚, 关惠元. 不同应力状态下桦木弹性常数的研究 [J]. 林业工程学报, 2017, 2 (6): 31-36.

[26] 华之明. 国外梭坯压缩工艺的情况介绍 [J]. 纺织器材, 1982, (4): 36-38.

[27] 黄荣凤. 实木层状压缩技术 [J]. 木材工业, 2018, 32（1）: 61-62.

[28] 黄荣凤. 实木层状压缩与整体压缩的区别及优势 [J]. 木材工业, 2018, 32（4）: 53-54.

[29] 黄荣凤, 高志强, 吕建雄. 木材湿热软化压缩技术及其机制研究进展 [J]. 林业科学, 2018, 54（1）: 154-161.

[30] 黄荣凤, 黄琼涛, 黄彦慧, 等. 表层微压缩和加压热处理实木地板基材的剖面密度分布和尺寸稳定性 [J]. 木材工业, 2019, 33（2）: 6-10.

[31] 黄荣凤, 吕建雄, 赵有科. 高频、微波加热技术在日本木材工业的应用 [J]. 木材工业, 2007, 21（5）: 21-24.

[32] 井上雅文. 常压下ごの高温湿润加热处理による压缩变形の永久固定 [J]. 木材学会志, 2000, 4（46）: 298-304.

[33] 井上雅文, 胡馨芝. 压缩木研究现状与今后展望 [J]. 人造板通讯, 2002（9）: 3-5, 10.

[34] 雷亚芳, 李增超, 邱增处, 等. 色木径向、弦向、非标准向压缩木的干缩性 [J]. 西北林学院学报, 2000, 15（3）: 51-55.

[35] 李坚. 木材科学 [M]. 北京: 科学出版社, 2014.

[36] 李坚, 刘一星, 刘君良. 加热、水蒸气处理对木材横纹压缩变形的固定作用 [J]. 东北林业大学学报, 2000, 28（4）: 4-8.

[37] 李坚, 吴玉章, 马岩. 功能性木材 [M]. 北京: 科学出版社, 2011.

[38] 李军. 浅析实木弯曲的弯曲机理及影响因素 [J]. 林业科技开发, 1998（6）: 16-19.

[39] 李军. 氨水处理与微波加热联合软化木材的弯曲工艺 [J]. 南京林业大学学报, 1998（4）: 57-61.

[40] 李任. 预热条件对毛白杨层状压缩木材形成及其性能影响研究 [D]. 北京: 中国林业科学研究院, 2019.

[41] 李任, 黄荣凤. 木材湿热软化径向压缩变形特征研究进展 [J]. 世界林业研究, 2019, 32（1）: 65-69.

[42] 李任, 黄荣凤, 高志强, 等. 预热温度对毛白杨压缩木材颜色及其回弹的影响 [J]. 林产工业, 2019, 46（5）: 17-21.

[43] 李万兆, 章正, 彭俊懿, 等. 基于X-ray CT的载荷作用下木材内部形变研究 [J]. 北京林业大学学报, 2021, 43（2）: 160-164.

[44] 李文珠, 钱俊, 张文标, 等. 速生杉木整形初步研究 [J]. 建筑人造板, 2000（4）: 25-27.

[45] 李兆红. 论木材软化处理工艺 [J]. 农村实用科技信息, 2013（6）: 57.

[46] 林铭, 谢拥群, 杨庆贤. 水温对杉木压缩木吸水厚度膨胀率的影响 [J]. 福建林学院学报, 2004, 24（2）: 172-174.

[47] 刘建霞, 李亚玲, 王喜明, 等. 木材热压干燥过程中内部温度和水蒸气压力的变化规律 [J]. 林产工业, 2018, 45（4）: 12-14.

[48] 刘君良, 江泽慧, 许忠允, 等. 人工林软质木材表面密化新技术 [J]. 木材工业, 2002, 16（1）: 20-22.

[49] 刘君良, 刘一星, 罗志刚. 杨木、柳杉表面压密材的研究 [J]. 吉林林学院学报, 1998, 14（3）: 3-6.

[50] 刘恪. 压缩木销旋转摩擦焊接抗拔性能研究 [D]. 大连: 大连理工大学, 2019.

[51] 刘献奇, 赵湘玉, 钟楷. 花旗松薄木压缩工艺初探 [J]. 林业机械与木工设备, 2017, 45（8）: 25-27.

[52] 刘亚兰, 李庆峰. 压缩木制造技术的研究概述 [J]. 林业科技, 2005, 30（1）: 35-36, 39.

[53] 刘一星, 李坚, 刘君良, 等. 水蒸气处理法制作压缩整形木的研究（Ⅰ）——构造变化和尺寸稳定性 [J]. 东北林业大学学报, 2000, 28（4）: 9-12.

[54] 刘一星, 李坚, 刘良军. 水蒸气处理法制作压缩整形木的研究（Ⅱ）—物理力学特性和工艺 [J]. 东北林业大学学报, 2000, 28（4）: 13-15.

[55] 刘占胜, 张勤丽, 张齐生. 压缩木制造技术 [J]. 木材工业, 2000, 14（5）: 19-21.

[56] 陆全济, 李家宁, 曾宪海, 等. 油棕木密化及其尺寸稳定性研究 [J]. 热带作物学报, 2019, 40（11）: 2211-2216.

[57] 罗杰, 赵有科, 郭娟, 等. 不同压缩率下杉木低分子质量酚醛树脂浸注研究 [J]. 西北农林科技大学学报: 自然科学版, 2021, 49（7）: 1-9.

[58] 罗义汉, 张荣波, 梁建新, 等. 邓恩桉木材蠕变特性研究 [J]. 湖北农业科学, 2021, 60（7）:

80-83.

［59］毛佳. 压缩防腐木（CPW）的制备工艺和性能研究［D］. 北京：北京林业大学，2010.

［60］毛佳，曹金珍. 户外用压缩防腐木：ACQ-D木材的处理技术初探［J］. 北京：林业大学学报，
2009, 31（3）：100-105.

［61］彭辉，蒋佳荔，詹天翼，等. 木材普通蠕变和机械吸湿蠕变研究概述［J］. 林业科学，2016, 52
（4）：116-126.

［62］史蔷. 热处理对圆盘豆木材性能影响及其机理研究［D］. 北京：中国林业科学研究院，2011.

［63］宋魁彦，李坚. 水热-微波处理对榆木软化和顺纹压缩及弯曲的影响［J］. 林业科学，2009,
45（10）：120-125.

［64］宋涛雲，付宗营，蔡英春. 高频-对流联合加热干燥对木材温度梯度及干燥质量的影响［J］. 东
北林业大学学报，2018, 46（8）：74-79.

［65］唐德国，刘君良. 高温水蒸气处理固定大青杨木材横纹压缩变形的研究［J］. 吉林林业科技，
2008, 37（6）：40-44.

［66］唐晓淑. 热处理变形固定过程中杉木压缩木材的主成分变化及化学应力松弛［D］. 北京：北京
林业大学，2004.

［67］唐晓淑，赵广杰. 木材的化学应力松弛［J］. 北京林业大学学报，2002, 24（1）：92-96.

［68］涂登云. 马尾松板材干燥应力模型及应变连续测量的研究［D］. 南京：南京林业大学，2005.

［69］涂登云，杜超，周桥芳，等. 表层压缩技术在杨木实木地板生产中的应用［J］. 木材工业，
2012, 26（4）：46-48.

［70］汪嘉军，刘君良，倪林，等. 浸渍及压缩制备密实化木材的研究进展［J］. 木材科学与技术，
2021, 35（4）：25-29.

［71］王飞，刘君良，吕文华. 木材功能化阻燃剂研究进展［J］. 世界林业研究，2017, 30（2）：
62-66.

［72］王洁瑛，赵广杰，杨琴玲，等. 饱水和气干状态杉木的压缩成型及其热处理永久固定［J］. 北京
林业大学学报，2000, 22（1）：72-75.

［73］王立昌，张双保，常建民. 木材压缩处理技术简介［J］. 建筑人造板，2001（3）：8-10.

［74］王明枝，王洁瑛，李黎. 木材表面粗糙度的分析［J］. 北京林业大学学报，2005, 27（1）：
14-18.

［75］王茜，薛童，胡逢海，等. 毛白杨压缩变形回复工艺与应用的研究［J］. 西北林学院学报，
2018, 33（1）：247-251.

［76］王艳伟，黄荣凤. 木材密实化的研究进展［J］. 林业机械与木工设备，2011, 39（8）：13-16.

［77］王艳伟，黄荣凤，张耀明. 水热控制下杨木的表层密实化及固定技术［J］. 木材工业，2012, 26
（2）：18-21.

［78］王娱，王天龙，沈杨，等. 预处理方式对速生杨木试件密实及密闭性的影响［J］. 西北林学院学
报，2020, 35（2）：213-217.

［79］郭飞宇. 热压法对樟子松材密实干燥热处理一体化工艺研究［D］. 呼和浩特：内蒙古农业大
学，2015.

［80］郭飞宇，李丽丽，王喜明. 樟子松材干燥密实炭化一体化技术的优化［J］. 东北林业大学学报，
2015, 43（4）：82-86.

［81］吴海超. 水热法制取压缩木的力学性能及其应用研究［D］. 大连：大连理工大学，2018.

［82］吴琼，华毓坤. 用意杨压缩木替代传统木梳材料的研究［J］. 林产工业，2006, 33（3）：27-
29, 33.

［83］伍艳梅，黄荣凤，高志强，等. 木材横纹压缩应力-应变关系及其影响因素研究进展［J］. 林产
工业，2018, 45（11）：11-16.

［84］夏捷. 毛白杨木材层状压缩位置和厚度可控性及其变形固定［D］. 北京：中国林业科学研究
院，2014.

［85］夏捷，黄荣凤，吕建雄，等. 水热预处理对毛白杨木材压缩层形成的影响［J］. 木材工业，
2013, 27（4）：42-45.

［86］小林好纪. 利用木材的热可塑性的原木整形和形状固定（Ⅱ）［J］. 木材工业，1993, 7（48）：
310-313.

［87］谢启芳，张利朋，王龙，等. 木材径向反复受压应力-应变模型研究［J］. 湖南大学学报：自然
科学版，2018, 45（3）：55-61.

[88] 谢若泽, 郭玲梅, 李尚昆, 等. 毛白杨静态压缩力学性能研究及吸能分析 [J]. 装备环境工程, 2021, 18 (5): 106-112.

[89] 熊立伟. 一种由原木制备压缩木的方法及设备 [P]. 中国专利: CN110815478A, 2020-07-31.

[90] 徐朝阳, 李健昱, 翟胜丞, 等. 樟子松木材横纹压缩时黏弹性与能量吸收特性研究 [J]. 南京林业大学学报: 自然科学版, 2016, 40 (2): 127-131.

[91] 许威. 杨木静动态压缩本构模型研究 [J]. 包装工程, 2019, 40 (11): 86-93.

[92] 闫丽. 甘油预处理固定杨木压缩变形机理及应用 [D]. 北京: 北京林业大学, 2010.

[93] 严炳生. 压缩木的热压工艺与变形的研究 [J]. 纺织器材, 1991 (5): 44-46.

[94] 严炳生, 林鸿平. 压缩木干缩与湿胀的研究 [J]. 纺织器材, 1992 (2): 31-36.

[95] 杨瑾瑾, 傅万四, 于文吉. 人造板热压过程中板坯内部温度、气压、含水率研究现状与分析 [J]. 木材加工机械, 2008, 19 (3): 34-37.

[96] 杨琳, 毛恒之, 刘洪海, 等. 预冻及压缩预处理对尾巨桉干燥特性的影响 [J]. 林业工程学报, 2018, 3 (4): 30-34.

[97] 杨洋, 张蕾, 宋菲菲, 等. 人工林速生材高值化利用研究进展 [J]. 林产工业, 2020, 57 (5): 53-55.

[98] 尹业桥, 侯俊峰, 姜志宏, 等. 早材管孔分布对环孔材栎木蠕变特性的影响 [J]. 林业工程学报, 2021, 6 (3): 54-60.

[99] 宇高英二. 密闭加热处理における压缩变形の回复と水分の关系 [J]. 木材学会志, 2000, 2 (46): 144-148.

[100] 张峰铭. 超高压处理对杨木物理力学特性的影响研究 [D]. 杭州: 浙江大学, 2018.

[101] 张刚. 基于超疏水和热改性技术的杨木尺寸稳定化研究 [D]. 济南: 山东农业大学, 2018.

[102] 张迺良, 沈友德. 压缩木轴承在轧钢机上的使用 [J]. 钢铁, 1964 (12): 57-59.

[103] 张少勇, 刘志刚, 裴承慧, 等. 沙柳材物理力学特性测定与分析 [J]. 林产工业, 2020, 57 (7): 12-14.

[104] 赵钟声. 木材横纹压缩变形恢复率的变化规律与影响机制 [D]. 沈阳: 东北林业大学, 2003.

[105] 赵钟声, 刘一星, 井上雅文, 等. 水蒸气处理对五树种压缩变形恢复率力学性能影响的研究 [J]. 林业机械与木工设备, 2003, 31 (5): 23-27.

[106] 赵钟声, 刘一星, 孟令联. 高温高压水蒸气处理制造压缩木、人造板材的研究 [J]. 林业机械与木工设备, 2001 (11): 16-17.

[107] 周欢, 徐朝阳, 李健昱. 樟子松密实化前后吸能特性的对比 [J]. 林业工程学报, 2016, 1 (3): 38-41.

[108] 周佳乐, 冯新, 周先雁. 落叶松胶合木力学性能试验研究 [J]. 中南林业科技大学学报, 2016, 36 (8): 125-129.

[109] 周明明, 孙晓东, 肖飞, 等. 基于专利的压缩木技术发展分析 [J]. 湖南林业科技, 2015 (4): 89-93.

[110] 周妮. 水杉速生材压缩密实化研究 [D]. 成都: 四川农业大学, 2016.

[111] 周桥芳. 木材单侧表面压缩及其热质耦合迁移机理 [D]. 广州: 华南农业大学, 2021.

[112] 周桥芳, 涂登云, 胡传双, 等. 一种木材压缩-原位带压热处理一体化的方法及其制备的压缩木 [P]. 中国专利: CN108582377A, 2018-09-28.

[113] 周兆兵, 那斌, 罗斑珺, 等. 速生杨木动态黏弹性与初始含水率的关系 [J]. 南京林业大学学报: 自然科学版, 2011, 35 (6): 96-100.

[114] 朱志鹏. 单侧表层压缩木热质耦合迁移规律及性能研究 [D]. 广州: 华南农业大学, 2021.

[115] 朱志鹏, 钟楷, 陈川富, 等. 不同树龄米老排木材机械加工性能研究 [J]. 西南林业大学学报: 自然科学版, 2019, 39 (1): 184-188.

[116] 邹国政. 速生杨木表面密实、定型工艺的研究 [D]. 南京: 南京林业大学, 2015.

[117] Physical and mechanical properties of wood-Test methods for small clear wood specimens-Part 12: Determination of static hardness, International Organization for Standardization [Z]. ISO, 13061-12, 2017.

[118] Andrew G. Gravitropisms and reaction woods of forest trees-evolution, functions and mechanisms [J]. New Phytologist, 2016, 211 (3): 790-802.

[119] Anshari B, Guan Z W, Kitamori A, et al. Structural behaviour of glued laminated

timber beams pre-stressed by compressed wood [J]. Construction and Building Materials, 2012, 29 : 24-32.

[120] Anshari B, Guan Z W, Wang Q Y. Modelling of Glulam beams pre-stressed by compressed wood [J]. Composite Structures, 2017, 165 : 160-170.

[121] Anshari B, Guan Z. FE modelling of optimization on strengthening glulam timber beams by using compressed wood blocks [J]. Procedia Engineering, 2017, 171 : 857-864.

[122] Báder M, Németh R. Moisture-dependent mechanical properties of longitudinally compressed wood[J]. European Journal of Wood and Wood Products, 2019, 77(6): 1009-1019.

[123] Bao M Z, Guang X A, Jiang M L, et al. Effect of thermo-hydro-mechanical densification on microstructure and properties of poplar wood (Populus tomentosa) (Article)[J]. Journal of Wood Science, 2017, 63 (6): 591-605.

[124] Bekhta P, Salca E A. Influence of veneer densification on the shear strength and temperature behavior inside the plywood duringhot press [J]. Construction and Building Materials, 2018, 162 : 20-26.

[125] Belt T, Rautkari L, K L, et al. Cupping behaviour of surface densified Scots pine wood : the effect of process parameters and correlation with density profile characteristics [J]. Journal of Materials Science, 2013, 48 (18): 6426-6430.

[126] Bui T A, Oudjene. Towards experimental and numerical assessment of the vibrational serviceability comfort of adhesive free laminated timber beams and CLT panels assembled using compressed wood dowels [J]. Engineering Structures, 2020, 216 : 110586.

[127] Candan Z, Korkut S, Unsal O. Thermally compressed poplar wood (TCW): physical and mechanical properties [J]. Drvna Industrija, 2013, 64 (2): 107-111.

[128] Čermák P X M C, Dejmal A, Paschová Z, et al. One-sided surface charring of beech wood [J]. Journal of Materials Science, 2019, 54 (13): 9497-9506.

[129] Chang F C, Lam F. Effects of temperature-induced strain on creep behavior of wood-plastic composites [J]. Wood Science and Technology, 2018, 52 (5): 1213-1227.

[130] Chen C F, Tu D Y, Zhou Q F, et al. Development and evaluation of a surface-densified wood composite with an asymmetric structure [J]. Construction and Building Materials, 2020, 242 : 118007.

[131] Chen C, Kuang Y, Zhu S, et al. Structure-property-function relationships of natural and engineered wood [J]. Nature Reviews Materials, 2020, 9 (5): 642-666.

[132] Chen S, Matsuo-Ueda M, Yoshida M, et al. Changes in vibrational properties of compression wood in conifer due to hygrothermal treatment and their relationship with hygrothermal recovery strain [J]. Journal of Materials Science, 2019, 54 (4): 3069-3081.

[133] Christopher C. Unlimited fuel wood during the middle Mesolithic (9650-8300 cal. yr BP) in northern Sweden : Fuel typology and pine-dominated vegetation inferred from charcoal identification and tree-ring morphology [J]. The Holocene, 2017, 27 (9): 1370-1378.

[134] Chu D M, Zhang X Y, Mu J, et al. A greener approach to byproducts from the production of heat-treated poplar wood : Analysis of volatile organic compound emissions and antimicrobial activities of its condensate [J]. Journal of Cleaner Production, 2019, 213 : 521-527.

[135] Conway M, Mehra S, Garte A M, et al. Densified wood dowel reinforcement of timber perpendicular to the grain : a pilot study [J]. Journal of Structural Integrity and Maintenance, 2021, 6 (3): 177-186.

[136] Deded S N, Takuya A, Wasrin S, et al. Characteristic of β-O-4 structures in different reaction wood lignins of Eusideroxylon zwageri T. et B. and four other woody species [J]. Holzforschung, 2017, 71 (1): 11-20.

[137] Deded S N, Wasrin S, Takuya A, et al. Characteristics of guaiacyl-syringyl lignin in reaction wood in the gymnosperm Gnetum gnemon L [J]. Holzforschung, 2016, 70 (7) : 593-602.

[138] Dick S, Andreja K, Olov K. Wood Modification Technologies : Principles, Sustainability, and the Need for Innovation [M]. Los Angeles : CRC Press, 2020.

[139] Dubey M K, Pang S, Chauhan S, et al. Dimensional stability, fungal resistance and mechanical properties of radiata pine after combined thermo-mechanical compression and oil heat-treatment [J]. Holzforschung, 2016, 70 (8) : 793-800.

[140] El-Houjeyri I, Thi V D, Oudjene M, et al. Experimental investigations on adhesive free laminated oak timber beams and timber-to-timber joints assembled using thermo-mechanically compressed wood dowels [J]. Construction and Building Materials, 2019, 222 : 288-299.

[141] Esteves B M B D, Pereira H M. Wood modification by heat treatment : a review [J]. BioResources, 2010, 4 (1) : 370-404.

[142] Fahey L M, Nieuwoudt M K, Harris P J. Using near infrared spectroscopy to predict the lignin content and monosaccharide compositions of Pinus radiata wood cell walls [J]. International journal of biological macromolecules, 2018, 113 : 507-514.

[143] Fang C, Mariotti N, Cloutier A, et al. Densification of wood veneers by compression combined with heat and steam [J]. European Journal of Wood and Wood Products, 2012, 3 (1) : 155-163.

[144] Fu Q, Cloutier A, Laghdir A. Effects of heat and steam on the mechanical properties and dimensional stability of thermo-hygromechanically-densified sugar maple wood [J]. BioResources, 2017, (4) : 9212-9226.

[145] Furuta Y A, Okuyama T B, Kojiro K C, et al. Temperature dependence of the dynamic viscoelasticity of bases of Japanese cypress branches and the trunk close to the branches saturated with water(Article)[J]. Journal of Wood Science, 2014, 60(4) : 249-254.

[146] Gabrielli C P, Kamke F A. Phenol-formaldehyde impregnation of densified wood for improved dimensional stability [J]. Wood science and technology-New York, 2010 (1) : 95-104.

[147] Gao Z Q, Huang R F, Lu J X, et al. Sandwich compression of wood : control of creating density gradient on lumber thickness and properties of compressed wood [J]. Wood Science and Technology, 2016, 50 (4) : 833-844.

[148] Ghonche R, Mohammad G, Hamid R T, et al. Mechanical performance and dimensional stability of nano-silver impregnated densified spruce wood [J]. European Journal of Wood and Wood Products, 2012, 70 (5) : 595-600.

[149] Goli G, Marcon B, Fioravanti M. Poplar wood heat treatment : effect of air ventilation rate and initial moisture content on reaction kinetics, physical and mechanical properties [J]. Wood science and technology- New York, 2014, 48 (6) : 1303-1316.

[150] Gong M, Lamason C. Optimization of pressing parameters for mechanically surface-densified aspen [J]. Forest Products Journal, 2007, (10) : 64-68.

[151] Gong M, Lamason C, Li L. Interactive effect of surface densification and post-heat-treatment on aspen wood [J]. Journal of Materials Processing Technology, 2010, 210 (2) : 293-296.

[152] Graziela B V, Lucas R L, Leif N, et al. Propriedades da madeira de reação [J]. Floresta e Ambiente, 2017, 20 (1) : 26-37.

[153] Hao X L, Zhou H Y, Xie Y J, et al. Sandwich-structured wood flour/HDPE composite panels : Reinforcement using a linear low-density polyethylene core layer [J]. Construction & Building Materials, 2018, 164 (8) : 489-496.

[154] Havimo M. A literature-based study on the loss tangent of wood in connection with mechanical pulping [J]. Wood Science and Technology, 2009, 8 (7) : 627-642.

[155] He Z, Wang Z, Qu L, et al. Modeling and simulation of heat-mass transfer and its

application in wood thermal modification（Article）[J]. Results in Physics, 2019, 13 : 102213.

[156] Heger, Navi P, Frédéric. Combined Densification and Thermo-Hydro-Mechanical Processing of Wood [J]. MRS Bulletin, 2004, 29（5）: 332-336.

[157] Hill C A S. Wood Modification : Chemical, Thermal and Other Processes [M]. Hoboken : John Wiley & Sons, Ltd, 2006.

[158] Hiraide H, Tobimatsu Y, Yoshinaga A, et al. Localised laccase activity modulates distribution of lignin polymers in gymnosperm compression wood [J]. New Phytologist, 2021, 230（6）: 2186-2199.

[159] Hong L, Shu B Q, He Q, et al. Improving the properties of fast-growing chinese fir by vacuum hot pressing treatment[J]. Journal of Renewable Materials, 2021, 9（1）: 49-59.

[160] Huang C, Chui Y H, Gong M, et al. Mechanical behaviour of wood compressed in radial direction : Part II. Influence of temperature and moisture content [J]. Journal of Bioresources and Bioproducts, 2020, 5（4）: 266-275.

[161] Huang C, Gong M, Chui Y H, et al. Mechanical behaviour of wood compressed in radial direction-part I. New method of determining the yield stress of wood on the stress-strain curve [J]. Journal of Bioresources and Bioproducts, 2020, 5（3）: 186-195.

[162] Huang R F, Fujimoto N, Sakagami H, et al. Sandwich compression of sugi（Cryptomeria japonica）and hinoki（Chamaecyparis obtusa）wood : density distribution, surface hardness and their controllability [J]. Journal of Wood Science, 2021, 67（1）: 1-10.

[163] Huang R F, Wang Y W, Zhao Y K, et al. Sandwich compression of wood by hygro-thermal control [J]. Mokuzai Gakkaishi, 2012, 58（2）: 84-89.

[164] Huč S, Hozjan T, Svensson S. Rheological behavior of wood in stress relaxation under compression [J]. Wood Science and Technology, 2018, 52（3）: 793-808.

[165] Inoue M. Steam or heat fixation of compressed wood [J]. Wood and Fiber Science, 1993, 25（3）: 224-235.

[166] Inoue M, Kodama J, Yamamoto Y, et al. Dimensional stabilization of compressed wood using high-frequency heating [J]. Mokuzai Gakkaishi, 1998（6）: 410-416.

[167] Inoue M, Norimoto M, Otsuka Y, et al. Surface compression of coniferous wood lumber 1.a new technique to compress the surface-layer [J]. Mokuzai Gakkaishi, 1990（11）: 969-975.

[168] Inoue M, Ogata S, Kawai S, et al. Fixation of compressed wood using melamine-formaldehyde resin [J]. Wood and Fiber Science, 1993, 25（4）: 404-410.

[169] Inoue M, Sekino N, Morooka T, et al. Fixation of compressive deformation in wood by pre-steaming [J]. Journal of Tropical Forest Science, 2008（4）: 273-281.

[170] Jakub D, Petr Č, Vojtěch K, et al. Density profile and microstructural analysis of densified beech wood（Fagus sylvatica L）plasticized by microwave treatment [J]. European Journal of Wood and Wood Products, 2018, 76（1）: 105-111.

[171] Jasińska A, Tulik M. Peculiar traits of wood in a leaning stem of Scots pine（Pinus sylvestris L）（Article）[J]. Folia Forestalia Polonica, Series A, 2017, 59（3）: 175-179.

[172] Jiang J L, Lu J X, Zhao Y K, et al. Influence of frequency on wood viscoelasticity under two types of heating conditions [J]. Drying Techonlogy, 2010, 28（6）: 823-829.

[173] Jieying W, Cooper P A. Vertical density profiles in thermally compressed balsam fir wood [J]. Forest Products Journal, 2005, 55（5）: 65-68.

[174] Jörg W, Christian B, Linda M, et al. Physical, mechanical and biological properties of thermo-mechanically densified and thermally modified timber using the Vacu 3-process [J]. European Journal of Wood and Wood Products, 2018, 76（3）: 809-

821.

[175] Joseph G, Delphine J, Sandrine B, et al. Tree growth stress and related problems [J]. Journal of Wood Science : Official Journal of the Japan Wood Research Society, 2017, 63 (5) : 411−432.

[176] Jung K, Kitamori A, Komatsu K. Development of a joint system using a compressed wooden fastener I : evaluation of pull−out and rotation performance for a column−sill joint [J]. Journal of Wood Science, 2009, 55 (4) : 273−282.

[177] Karel Š. Evaluation of growth disturbances of Picea abies (L) Karst. to disturbances caused by landslide movements [J]. Geomorphology, 2017, 276 : 51−58.

[178] Kariz M, Kuzman M K, Sernek M, et al. Influence of temperature of thermal treatment on surface densification of spruce [J]. European Journal of Wood and Wood Products, 2017, 75 (1) : 113−123.

[179] Korkut S, Hiziroglu S. Effect of heat treatment on mechanical properties of hazelnut wood (Corylus columa L) [J]. Materials & Design, 2010, 30 (5) : 1853−1858.

[180] Kristiina L, Kristoffer S, Magnus W, et al. Wood densification and thermal modification : hardness, set−recovery and micromorphology [J]. Wood Science and Technology, 2016, 50 (5) : 883−894.

[181] Kristiina L, Kristoffer S, Magnus W, et al. Surface densification of acetylated wood [J]. European Journal of Wood and Wood Products, 2016, 74 (6) : 829−835.

[182] K ú dela J, Rousek R, Rademacher P, et al. Influence of pressing parameters on dimensional stability and density of compressed beech wood [J]. European Journal of Wood and Wood Products, 2018, 76 (4) : 1241−1252.

[183] Laine K A, Belt T A, Rautkari L A B, et al. Measuring the thickness swelling and set−recovery of densified and thermally modified Scots pine solid wood (Article) [J]. Journal of Materials Science, 2013, 48 (24) : 8530−8538.

[184] Laine K A, Segerholm K B C, Wålinder M C, et al. Micromorphological studies of surface densified wood (Article) [J]. Journal of Materials Science, 2014, 49 (5) : 2027−2034.

[185] Laine K, Rautkari L, Hughes M, et al. Reducing the set−recovery of surface densified solid Scots pine wood by hydrothermal post−treatment [J]. European Journal of Wood and Wood Products, 2013, 71 (1) : 17−23.

[186] Lauri R, Kristiina L, Nick L, et al. Surface modification of Scots pine : the effect of process parameters on the through thickness density profile [J]. Journal of Materials Science, 2011, 46 (14) : 4780−4786.

[187] Lauri R, Milena P, Fr é d é ric P, et al. Properties and set−recovery of surface densified Norway spruce and European beech [J]. Wood Science and Technology, 2010, 44 (4) : 679−691.

[188] Lavisci P, Berti S, Pizzo B, et al. A delamination test for structural wood adhesives used in thick joints [J] .Holz als Roh− und Werkstoff, 2001, 59 (1−2) : 153−154.

[189] Leona M F, Mich é l K N, Philip J H. Using near infrared spectroscopy to predict the lignin content and monosaccharide compositions of Pinus radiata wood cell walls [J]. International Journal of Biological Macromolecules, 2018, 113 : 507−514.

[190] Li A, Yan K, Ramaswamy H S, et al. Plastic and Elastic Strains in Poplar Wood under High−Pressure Densification [J]. Transactions of the Asabe, 2020, 63 (6) : 2021−2028.

[191] Li L L, Wang X M, Yan Y, et al. Pore analysis of thermally compressed Scots pine (Pinus sylvestris L) by mercury intrusion porosimetry [J]. Holzforschung, 2017, 72 (1) : 57−63.

[192] Li L, Gong M, Chui Y H, et al. Modeling of the cupping of two−layer laminated densified wood products subjected to moisture and temperature fluctuations : model development [J]. Wood Science and Technology, 2016, 50 (1) : 23−37.

[193] Li R, Gao Z Q, Feng S H, et al. Effects of preheating temperatures on the formation

of sandwich compression and density distribution in the compressed wood (Article) [J]. Journal of Wood Science, 2018, 64 (4): 751–757.

[194] Li T, Cai J B, Zhou D G. Optimization of the combined modification process of thermo–mechanical densification and heat treatment on chinese fir wood [J]. BioResources, 2013, (4): 5279–5288.

[195] Li T, Cheng D L, Avramidis S, et al. Response of hygroscopicity to heat treatment and its relation to durability of thermally modified wood [J]. Construction and Building Materials, 2017, 144 : 671–676.

[196] Liu H, Shang J, Kamke F A, et al. Bonding performance and mechanism of thermal–hydro–mechanical modified veneer [J]. Wood science and technology–New York, 2018, 52 (2): 343–363.

[197] Liu M, Wu Y Q, Wan H. A new concept of wood bonding design for strength enhanced southern yellow pine wood products [J]. Construction and Building Materials, 2017, 157 : 694–699.

[198] Liu Y X, Norimoto M, Morooka T. The large compressive deformation of wood in the transverse direction.1.relationships between stress–strain diagrams and specific gravities of wood [J]. Mokuzai Gakkaishi, 1993 (10): 1140–1145.

[199] Ma T. Non-destructive evaluation of wood stiffness and fiber coarseness, derived from SilviScan data, via near infrared hyperspectral imaging [J]. Journal of Near Infrared Spectroscopy, 2018, 26 (6): 398–405.

[200] Mano I F. The viscoelastic properties of cork [J]. Journal of Materials Science, 2002, 37 (2): 257–263.

[201] Miao Z M, Lapierre C, Noor L, et al. Location and characterization of lignin in tracheid cell walls of radiata pine (Pinus radiata D. Don) compression woods [J]. Plant Physiology and Biochemistry, 2017, 118 : 187–198.

[202] Miura M, Kaga H, Sakurai A, et al. Rapid pyrolysis of wood block by microwave heating [J]. Journal of Analytical and Applied Pyrolysis, 2004, 71 (1): 187–199.

[203] Montagnoli A, Terzaghi M, Chiatante D, et al. Ongoing modifications to root system architecture of Pinus ponderosa growing on a sloped site revealed by tree–ring analysis [J]. Dendrochronologia, 2019, 58 (2): 125650.

[204] Nedzved A, Mitrović A L, Savić A, et al. Automatic image processing morphometric method for the analysis of tracheid double wall thickness tested on juvenile Picea omorika trees exposed to static bending [J]. Trees : Structure & Function, 2018, 32 (5): 1347–1356.

[205] Németh R, Báder M. Relationship between the fixation period and some mechanical properties of pleated wood [J]. IOP Conference Series : Earth and Environmental Science, 2020, 505 (1): 12019.

[206] Neyses B, Peeters K, Buck D, et al. In-situ penetration of ionic liquids during surface densification of Scots pine [J]. Holzforschung, 2020, 75 (6): 555–562.

[207] Oner U, Zeki C. Moisture content, vertical density profile and janka hardness of thermally compressed pine wood panels as a function of press pressure and temperature [J]. Drying Technology, 2008, 26 (9): 1165–1169.

[208] Parviz N, Fred G. Effects of thermo–hydro–mechanical treatment on the structure and properties of wood [J]. Holzforschung, 2000, 54 (3): 287–293.

[209] Pavlo B, Tomasz K, Stanislaw P, et al. Adhesion strength of thermally compressed and varnished wood (TCW) substrate (Article) [J]. Progress in Organic Coatings, 2018, 125 : 331–338.

[210] Pelaez-Samaniego M R, Yadama V, Lowell E, et al. Erratum to : A review of wood thermal pretreatments to improve wood composite properties [J]. Wood Science and Technology–New York, 2013, 47 (6): 1321–1322.

[211] Peng H, Eacute S, Lennart N, et al. Contribution of lignin to the stress transfer in compression wood viewed by tensile FTIR loading [J]. Holzforschung :

International Journal of the Biology, Chemistry, Physics, & Technology of Wood, 2020, 74（5）: 459-467.

[212] Peng H, Jiang J L, Lu J X, et al. Orthotropic mechano-sorptive creep behavior of Chinese fir during moisture desorption process determined in tensile mode [J]. Wood Science and Technology, 2019, 53（4）: 747-764.

[213] Peng H, Salmén L, Jiang J L, et al. Creep properties of compression wood fibers [J]. Wood Science and Technology, 2020, 54（6）: 1497-1510.

[214] Peng H, Salmén L, Stevanic J S, et al. Structural organization of the cell wall polymers in compression wood as revealed by FTIR microspectroscopy [J]. Planta, 2019, 250（1）: 163-171.

[215] Perez-Pena N, Chavez C, Salinas C, et al. Simulation of drying stresses in eucalyptus nitens wood [J]. BioResources, 2018, 13（1）: 1413-1424.

[216] Pfriem A, Dietrich T, Buchelt B. Furfuryl alcohol impregnation for improved plasticization and fixation during the densification of wood [J]. Holzforschung, 2012, 66（2）: 215-218.

[217] Purusatama B D, Kim Y K, Jeon W S, et al. Qualitative anatomical characteristics of compression wood, lateral wood, and opposite wood in a stem of ginkgo biloba L [J]. Journal of the Korean Wood Science and Technolog, 2018, 46（2）: 125-131.

[218] Ratnasingam J, Ioras F. Finishing characteristics of heat treated and compressed Rubberwood [J]. European Journal of Wood and Wood Products, 2013, 71（1）: 135-137.

[219] Redman A L, Bailleres H, Gilbert B P, et al. Finite element analysis of stress-related degrade during drying of Corymbia citriodora and Eucalyptus obliqua [J]. Wood Science and Technology, 2018, 52（1）: 67-89.

[220] Riggio M, Sandak J, Sandak A. Densified wooden nails for new timber assemblies and restoration works : A pilot research. [J]. Construction & Building Materials, 2016, 102（2）: 1084-1092.

[221] Rosario S D G, Valentín P, Pablo M Z, et al. Is the responsiveness to light related to the differences in stem straightness among populations of pinus pinaster ? [J]. Plants（Basel, Switzerland）, 2019, 8（10）: 383.

[222] Sadatnezhad S H H S, Khazaeian A, Sandberg D, et al. Continuous surface densification of wood : a new concept for large-scale industrial processing [J]. BioResources, 2017（2）: 3122-3132.

[223] Sandberg D A, Kutnar A B C, Mantanisg D. Wood modification technologies-a review（Review）[J]. IForest, 2017, 10（6）: 895-908.

[224] Sandberg D, Haller P, Navi P. Thermo-hydro and thermo-hydro-mechanical wood processing : an opportunity for future environmentally friendly wood products [J]. Wood Material Science & Engineering, 2013, 8（1）: 64-88.

[225] Sasaki H, Yanai E, Araki H. Correcting fabric dyeing rates by evaluating contact points of yarns [J]. Textile Research Journal, 1993, 63（10）: 614-618.

[226] Shuoye C S Y, Miyuki M U, Masato Y, et al. Hygrothermal recovery of compression wood in relation to DMSO swelling and drying shrinkage [J]. Holzforschung, 2020, 74（8）: 789-797.

[227] Simpson W T, Tang Y F. Empirical model To correlate press drying time of lumber to process and material variables [J]. Wood and Fiber Science, 1990, 22（1）: 39-53.

[228] Stamm A J, Hansen L A. Minimizing wood shrinkage and swelling effect of heating in various gases [J]. American Chemical Society, 2002,（7）: 831-833.

[229] Stephen S K, Timothy G R, Wolfgang G G. Relaxation behaviour of the amorphous components of wood [J]. Journal of Materials Science, 1987, 22（2）: 617-624.

[230] Su J Y, Yan Y, Song J, et al. Recent fragmentation may not alter genetic patterns in endangered long-lived species : evidence from taxus cuspidata [J]. Frontiers in plant science, 2018, 31（9）: 1571.

[231] S ü heyla E K, Ayben K P. Microscopic structure of compression wood of scots pine
(pinus sylvetris L), black pine (pinus nigra arnold) and calabrian pine (pinus brutia
ten) [J]. D ü zce Üniversitesi Ormancılık Dergisi, 2016, (1): 72–82.

[232] S ü heyla E K, Ayben K P. Sarıçam (pinus sylvetris L), karaçam (pinus nigra arnold.)
ve kızılçam (pinus brutia ten) Basınç odununun mikroskobik yapısı [J]. Düzce
Üniversitesi Ormancılık Dergisi, 2016 (12): 72–82.

[233] Tabarsa T. Characterizing microscopic behavior of wood under transverse
compression. Part Ⅱ. Effects of species and loading direction [J]. Wood Fiber Sci,
2001, 33 (2): 223–232.

[234] Tabarsa T, Chui Y H. Stress–strain response of wood under radial compression. Part
Ⅰ. Test method and influences of cellular properties [J]. Wood and Fiber Science,
2000, 34 (2): 144–152.

[235] Taghiyari H R A, Rassam G B, Ahmadi–Davazdahemam K A. Effects of densification
on untreated and nano–aluminum–oxide impregnated poplar wood (Article) [J].
Journal of Forestry Research, 2017, 28 (2): 403–410.

[236] Thomas V, Janet L, Timothy R, et al. Linking forest management to moose
population trends : The role of the nutritional landscape[J]. PLoS One, 2019, 14(7):
e219128.

[237] Tu D Y, Pan C F, Zhang X N, et al. Type of surface–reinforced solid wood section
material and its manufacturing method [P]. 海外专利 : US8221660 (B2), 2012–07–17.

[238] Tu D Y, Pan C F, Zhang X N, et al. Type of wood section material and its
manufacturing method [P]. 海外专利 : US8153038 (B2), 2012–04–10.

[239] Tu D Y, Su X H, Su T T, et al. Thermo–mechanical densification of populus
tomentosa var. tomentosa with Low moisture content [J]. BioResources, 2014,
(3): 3846–3856.

[240] T ü rk S, Gülpen M, Fink S. Aufnahme, transport und verbleib von calcium und
magnesium in fichten (Picea abies [L] Karst) und kiefern (Pinus silvestris L) bei
unterschiedlicher ernährung und schadstoffbelastung [J]. Forstwissenschaftliches
Centralblatt. 1993, 112 (1): 191–208.

[241] Udaka E, Furuno T. Heat compression of sugi (Cryptomeria japonica) [J]. Mokuzai
Gakkaishi, 1998, 44 (3): 218–222.

[242] Unsal O, Candan Z. Moisture content, vertical density profile and janka hardness
of thermally compressed pine wood panels as a function of press pressure and
pemperature [J]. Drying Technology, 2008, 26 (9): 1165–1169.

[243] Waldemar M, Edward Eroszyk R, Aleksander J, et al. Mechanical paremeters of
thermally modified ash wood determined on compression in tangential direction [J].
Maderas : Ciencia y Tecnología, 2018, 20 (2): 267–276.

[244] Wang D A, Meng S A B, Su W A, et al. Genome–wide analysis of multiple organellar
RNA editing factor family in poplar reveals evolution and roles in drought stress
(Article) [J]. International Journal of Molecular Sciences, 2019 (6): 1425.

[245] Wang J F, Wang X, He Q, et al. Time–temperature–stress equivalence in
compressive creep response of Chinese fir at high–temperature range [J].
Construction and Building Materials, 2020, 235 (6): 117809.

[246] Wang J F, Wang X, Zhan T Y, et al. Preparation of hydro–thermal surface–densified
plywood inspired by the stiffness difference in "sandwich structure" of wood [J].
Construction and Building Materials, 2018, 177 : 83–90.

[247] Wang X Z, Deng Y H, Wang S Q, et al. Evaluation of the effects of compression
combined with heat treatment by nanoindentation (NI) of poplar cell walls [J].
Holzforschung : International Journal of the Biology, Chemistry, Physics, &
Technology of Wood, 2014, 68 (2): 167–173.

[248] Welzbacher C R, Wehsener J, Rapp A O, et al. Thermo–mechanical densification
combined with thermal modification of Norway spruce (Picea abies Karst) in

industrial scale-Dimensional stability and durability aspects [J]. Holz als Roh- und Werkstoff, 2009, 66 (1) : 39-49.

[249] Won C P, Arvind A, Howard B. Experimental and theoretical investigation of heat and mass transfer processes during wood pyrolysis [J]. Combustion and Flame, 2009, 157 (3) : 481-494.

[250] Wu C P, Jiang B, Yuan W G, et al. On the Management of Large-Diameter Trees in China's Forests [J]. Forests, 2020, 11 (1) : 111.

[251] Wu J W, Fan Q, Wang Q, et al. Improved performance of poplar wood by an environmentally-friendly process combining surface impregnation of a reactive waterborne acrylic resin and unilateral surface densification [J]. Journal of Cleaner Production, 2020, 261 : 121022.

[252] Xia C L, Wu Y J, Qiu Y, et al. Processing high-performance woody materials by means of vacuum-assisted resin infusion technology [J]. Journal of Cleaner Production, 2019, 241 : 118340.

[253] Xiang E L, Feng S H, Yang S M, et al. Sandwich compression of wood : effect of superheated steam treatment on sandwich compression fixation and its mechanisms [J]. Wood Science and Technology, 2020, 54 (6) : 1529-1549.

[254] Yan L, Chen Z J. Dynamic viscoelastic properties of heat-treated glycerol-impregnated poplar wood [J]. European Journal of Wood and Wood Products, 2018, 76 (1) : 611-616.

[255] Yang L, Liu H H. Effect of a combination of moderate-temperature heat treatment and subsequent wax impregnation on wood hygroscopicity, dimensional stability, and mechanical properties [J]. Forests, 2020, 11 (920) : 920.

[256] Yang T T, Ma E N, Cao J Z. Synergistic effects of partial hemicellulose removal and furfurylation on improving the dimensional stability of poplar wood tested under dynamic condition [J]. Industrial Crops & Products, 2019, 139 : 111550.

[257] Yin Q, Liu H H. Drying Stress and Strain of Wood : A Review [J]. Applied Sciences, 2021, 11 (11) : 5023.

[258] Zhan T Y, Jiang J L, Lu J X, et al. Influence of hygrothermal condition on dynamic viscoelasticity of Chinese fir (Cunninghamia lanceolata). Part 2 : moisture desorption [J]. Holzforschung. 2018, 72 (7) : 579-588.

[259] Zhan T Y, Jiang J L, Lu J X, et al. Temperature-humidity-time equivalence and relaxation in dynamic viscoelastic response of Chinese fir wood [J]. Construction and Building Materials, 2019, 227 : 116637.

[260] Zhao Y K, Wang Z H, Iida I, et al. Studies on pre-treatment by compression for wood drying I : effects of compression ratio, compression direction and compression speed on the reduction of moisture content in wood (Article) [J]. Journal of Wood Science, 2015, 61 (2) : 113-119.

[261] Zhu Z P, Tu D Y, Chen Z W, et al. Effect of hot pressing modification on surface properties of rubberwood (Hevea brasiliensis) [J]. Wood Research, 2021, 1 (66) : 129-140.

[262] Zuo L H, Yang R L, Zhen Z X, et al. A 5-year field study showed no apparent effect of the Bt transgenic 741 poplar on the arthropod community and soil bacterial diversity [J]. Scientific Reports, 2018, 8 (1) : 1956.